水下局部干法
激光增材再制造技术

孙桂芳　韩恩厚　王占栋　杨　坤　陈明智　著

科学出版社

北　京

内 容 简 介

本书聚焦于水下局部干法激光增材再制造技术在海洋工程装备、核电站等水下原位修复领域中的应用前景，为读者呈现该领域最新的科研成果与实践经验，详细阐述了水下局部干法激光增材再制造技术的原理、工艺流程以及复杂冶金机制。通过对水下作业环境的深入分析，本书揭示了该技术在水下修复中的独特优势。同时，结合大量实验室修复案例，展示了水下局部干法激光增材再制造技术在提升海洋工程装备性能、延长服役寿命方面的显著效果。通过阅读本书，读者不仅能够深入了解水下局部干法激光增材再制造技术的原理和应用场景，还能够掌握相关操作技能，为实际工程应用提供有力支持。

全书内容丰富、特色鲜明，适用于海洋工程、材料科学、机械制造等领域的科研人员、工程师及高校师生阅读。

图书在版编目(CIP)数据

水下局部干法激光增材再制造技术 / 孙桂芳等著. 北京 ： 科学出版社，2025.3. -- ISBN 978-7-03-081249-0

Ⅰ. TN24

中国国家版本馆 CIP 数据核字第 2025LC5852 号

责任编辑：惠 雪 曾佳佳 李佳琴/责任校对：郝璐璐
责任印制：张 伟/封面设计：许 瑞

科 学 出 版 社 出版
北京东黄城根北街 16 号
邮政编码：100717
http://www.sciencep.com

涿州市般润文化传播有限公司印刷
科学出版社发行 各地新华书店经销

＊

2025 年 3 月第 一 版 开本：720×1000 1/16
2025 年 3 月第一次印刷 印张：13 1/2
字数：272 000
定价：139.00 元
(如有印装质量问题，我社负责调换)

前　言

随着全球海洋经济的迅猛发展，海洋工程装备在能源勘探、运输、军事、科研等领域扮演着日益重要的角色。然而，长期暴露在严苛的海洋环境中，这些装备不可避免地会遭受腐蚀、磨损、裂纹等各种形式的损伤，严重影响其安全性能与服役寿命。传统的岸上维修或更换部件的方式不仅成本高昂、周期冗长，而且在某些特殊条件下，如深海、极地等环境，实施起来极为困难，甚至不可行。

此外，根据国际原子能机构（IAEA）报告及世界核工业现状报告（WNISR）发布的统计结果，截至 2023 年年中，在运行核电站中有 265 座反应堆（占全球运行机组的 2/3）已运行 31 年或更长时间，为了更大发挥现有核电站的发电能力，使其安全运行寿命超过 40 年甚至 60 年，当务之急是解决核反应堆长期运转老化问题，实现对核电站内部老化构件的快速维修。目前潜水焊工手动焊接修复存在辐射和高温危害，人力成本高昂。核电站的修复与延寿已经成为各国监管者、运营者和公用事业部门面临的重大挑战。因此，寻求高效、便捷且能在现场直接进行的水下原位修复技术成为亟待解决的关键课题。

根据水环境对修复过程的不同影响，水下原位修复技术可分为水下湿法原位修复技术、水下干法原位修复技术和水下局部干法原位修复技术三种类型。其中，水下局部干法原位修复技术利用特制排水罩创造局部干区，在此区域内对受损部位进行修复。与水下湿法和水下干法原位修复技术相比，该技术具有设备简单、作业周期短、成本较低等优势，已成为水下修复领域的研究热点。激光增材再制造技术是一种先进的装备高性能修复技术，已在高端装备维修中获得重要应用。激光增材再制造技术是以激光束为热源，通过在受损构件表面熔化金属粉末实现修复，能够高质量恢复受损构件的几何形状和力学性能，显著延长装备服役寿命。同时，激光增材再制造技术还具有凝固组织精细、界面结合强度高及表面性能灵活调控等突出优势，在海洋工程和核电修复领域展现出广阔的应用前景。

作者团队基于长期陆上激光增材再制造研究积累，结合水下局部干法原位修复技术显著优势，创新性地提出水下局部干法激光增材再制造技术，该技术有望为水下装备原位高质高效修复提供一种全新的技术途径。本书系统总结了作者团队近年来在水下激光增材再制造工艺和技术研发方面所取得的研究成果，详细阐述水下激光增材再制造系统组成和工艺实施过程。书中总结了水下激光增材再制造修复典型海洋工程金属材料过程中，激光增材工艺参数和水环境对修复区的宏观形貌、缺陷形成、组织凝固和综合性能的影响规律，揭示了激光急热急冷协同水环境强制冷却对熔池流动和凝固行为的影响机制，并提出水下激光增材修复过程及修复质量调控策略。

需要说明的是，本书书名为《水下局部干法激光增材再制造技术》，而文中主要采用"水下激光沉积再制造"这一术语。这种处理基于以下考虑：在再制造工程领域，"激光增材"和"激光沉积"虽名称不同，但工艺本质相同。其中，"激光增材"强调技术体系的归属，更突出技术的创新性；而"激光沉积"则突出工艺特征，便于读者更直观地理解工艺特点。因此，书名采用"激光增材再制造"，正文则使用"激光沉积再制造"，便于读者更直观理解工艺特点。

参与本书撰写的人员及任务分工如下：本书的第 1 章、第 2 章、后记由孙桂芳、韩恩厚撰写；第 3~6 章由王占栋、杨坤、陈明智撰写；孙桂芳审校全书。

本书撰写过程中，吴二柯、赵凯、叶志宇在文稿整理、编排方面做了大量工作。另外，卢轶、张胜标、王世彬、严乾、顾曹涵、王鹏飞、姚赛、李睿、贾志远、吕秉华、詹明杰、沈旭婷、林林杰、胡杨、杨鹏在文献检索、研究成果汇总方面也提供了很大帮助，在此一并表示感谢。

限于作者水平，书中不妥之处在所难免，恳请读者批评指正。

作 者

2024 年 5 月

目　　录

第 *1* 章

绪　　论

　　随着陆地资源逐渐枯竭和环境要求越来越高,开发海洋和核电能源迅速发展,在能源消费结构中发挥重要作用,优先发展核电技术已被列入我国能源中长期发展战略。我国是一个负陆面海、陆海兼备的大国,提高海洋开发、控制和综合管理能力,事关经济社会长远发展和国家安全的大局[1]。经略海洋,装备先行。海洋装备几乎是所有海洋活动的基本支撑,如以海上风电、海上钻井平台为代表的海洋资源开发,以无人潜航器、水下机器人为代表的海底勘探和海洋安全维护。然而,我国海洋装备制造起步较晚,仍存在发展滞后、部分设备依赖进口等问题[2]。工欲善其事,必先利其器。发展高端海洋工程装备,努力拓展蓝色发展空间,打造海洋高质量发展战略要地,对加快海洋开发、保障战略运输安全、促进国民经济持续增长、维护国家海洋权益等方面具有重要意义,是建设"海洋强国"的必经之路。

　　海洋极端服役环境协同工作载荷极易造成海工装备损伤及结构破坏,如高盐、高湿协同海洋生物污损的强腐蚀环境易诱发金属溶解,形成孔洞、裂纹,最终导致结构失效;风浪侵袭、洋流冲刷和极端气候的流体动载荷易导致设备位移、疲劳损伤、连接件松动;深海环境的高静水压力易致使材料屈服、变形甚至断裂;海底沉积物冲刷协同泥沙磨损易造成装备表面损伤、腐蚀风险加剧、材料刚度和稳定性下降[3-5]。由此可见,海洋极端环境下海工装备损伤形式多样,危害极大。压水堆核电站核岛一回路主管道(内径约 78.7 cm)长期处于高温、高压、蒸汽高速冲刷以及酸性介质腐蚀的工况,并长期受到中子辐照,此外还要经受启停、振动以及温度和压力波动等条件的影响。这些因素极易引起管道出现晶间腐蚀、应力腐蚀、表面磨蚀及热老化引起的材料脆化等缺陷,对核电站安全运行构成严重威胁。若能及时发现并修复关键结构件的损伤,实现受损海工、核电装备再制造,可显著延长其服役寿命，保障服役安全。

然而，大量水下在役海工装备，如海底管道、深水导管架、海底采油树、无人潜航器、核电站一回路管道、压力容器燃料棒等很难移出水面进行修复再制造，并且构件修复/更换成本高、周期长、难度极大。因此，实现水下现场高质量修复再制造的需求十分迫切。水下局部干法技术因其操作简便而被广泛应用，基于局部干法的电弧焊接和激光填丝焊接/熔覆是当前重点研究的两种修复方法。水下电弧焊接修复效率高、成本低[6]；水下激光填丝焊接/熔覆光束传输稳定，工艺过程可控，水下冶金性能良好[7]。近年来，海洋工程装备对水下修复提出了高强度、高可靠性、耐腐蚀、抗疲劳等性能要求，因此，仍需探索新型、稳定、高效的水下修复方式，以满足海洋工程复杂结构件的高质量修复要求。

同轴送粉式激光沉积再制造技术利用激光束快速加热和冷却的特点，在待修复件表面沉积同种或异种合金粉末，具有沉积组织致密、界面结合强度高、构件变形小和路径规划简单等优点，能显著修复/强化工件表面性能，大幅度延长装备服役寿命[8,9]。该技术广泛用于飞机起落架、航空发动机叶片、铁路轨道等关重件的修复再制造。因此，将该技术应用到水下环境进行原位修复，开发水下激光沉积再制造技术，可为海洋工程装备的高质量修复提供新的技术途径。

1.1 再制造工程的特征及内涵

进入 21 世纪后，随着科学技术的进步，以优质、高效、安全、可靠、节能、节材为目标的先进制造技术在全世界得到了飞速发展。机械设备向着高精度、高自动化、高智能化发展，其服役条件更加苛刻，对机械零部件的维修要求更高，用传统维修手段难以达到要求。随着先进制造技术及设备工程技术的不断发展，制造与维修将越来越趋于统一。未来的制造与维修工程将是一个考虑设备和零部件设计、制造和运行全过程的系统工程。先进制造技术将统筹考虑整个设备寿命周期内的维修策略，而维修技术也将渗透到产品的制造工艺中，"维修"已被赋予了更广泛的含义[10]。

再制造是指对因功能性损坏或技术性淘汰等原因而不再使用的零部件，进行专业化修复或升级改造，使其质量特性和安全环保性能不低于原型新品的过程。作为循环经济"再利用"原则的高级形式，再制造以其复杂的技术工艺水平、良好的经济价格优势、领先的节能降碳效果而被誉为循环经济发展的一颗明珠。与新品制造相比，再制造可节能 60%、节材 70%、降低污染物排放 80%以上。再制造产业具有良好的发展潜力，是激活经济内循环体系，促进经济高质量发展的重要内容。

1999 年，徐滨士院士在中国首次提出"再制造"，二十多年来，再制造作为一种以机电产品全寿命周期理论为指导，利用高技术手段实现废旧产品修复和改造的新型制造模式，其节能省材、绿色低碳的特性成为解决工业废弃物处置难题，降低工业化进程对环境影响的有效途径，在建设循环经济体系以及落实推动经济发展绿色化、低碳化目标的过程中发挥了重要作用。我国再制造发展实行政策先行、创新驱动、产业支撑的方针策略。作为国家着力发展的战略性新兴产业，从"十五"期间技术论证理论探索，"十一五"期间有序组织开展试点工作，"十二五"期间全面布局推进完善再制造政策体系，"十三五"期间加速落实再制造产业高质量发展，到"十四五"期间持续深化再制造产业改革，我国再制造的蓬勃发展受益于顶层设计和统筹规划。《中华人民共和国循环经济促进法》《关于推进再制造产业发展的意见》和《中国制造 2025》等一系列政策措施的出台，进一步推动了再制造技术的应用创新和产业的规范化、规模化发展。根据"十四五"期间发布的《"十四五"循环经济发展规划》及《"十四五"工业绿色发展规划》，要将高端智能再制造作为未来再制造重点研发领域，拓宽再制造产业模式、落实再制造产业高质量发展等，高度契合了绿水青山就是金山银山的可持续发展理念。

再制造是一项复杂的系统工程，促进再制造的高质量发展不仅需要政策支持，也需要完善的技术体系和理论支撑。自 20 世纪 90 年代以来，我国的再制造工程在维修工程、表面工程基础上取得了长足发展，形成了以拆解与清洗技术、损伤检测和寿命评估技术、成形修复和强化技术等为关键技术，涵盖拆解和清洗、检测评估、成形加工、装配调试等多个环节的再制造工艺流程，如图 1-1 所示。相较于欧美国家早期普遍采取的以简单废弃替换和尺寸修整为核心的再制造模式，当下所推崇的基于寿命评估、尺寸复原与性能强化的增材再制造理念，展现出了对零部件修复更为宽泛的适应性和更高的资源利用率。这种模式不仅更有效地保全了废旧零部件内蕴的剩余价值，显著减少了对新资源与能源的需求，而且在经济效益与环保效益上呈现出显著优势。

再制造作为先进制造体系中不可或缺的一环，其重要性不言而喻。在信息技术、生物技术、纳米技术、新能源以及新材料等诸多高新技术领域呈井喷式发展

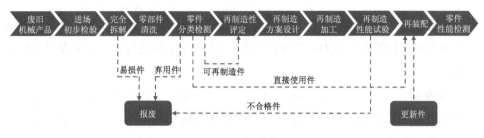

图 1-1　机械零部件再制造工艺流程

的态势下，全球制造科技正经历一场深刻的变革。这些新兴科技力量不仅革新了传统制造的理念与实践，更对再制造领域产生了深远影响。机械设备在其生命周期内，历经数载乃至十数年的服役，直至达到法定或功能性的报废状态。其间，科技的车轮滚滚向前，层出不穷的新技术、新材料不断涌现，为老旧设备的再制造提供了丰富的创新资源。通过巧妙地运用这些最新科技成果，对即将退役或已报废的机械设备进行再制造，不仅能赋予其新生，更使得再制造产品的质量和性能得以显著提升，甚至在某些方面超越新出厂产品。再制造能够充分挖掘废旧机电产品中蕴含的高附加值，以汽车发动机为例，原材料的价值只占 15%，而产品附加值却高达 85%。再制造过程中由于充分利用废旧产品中的附加值，能源消耗是新品制造的 50%，劳动力消耗是新品制造的 67%，原材料消耗是新品制造的 15%[①]。

1.2　水下原位修复背景与意义

随着人口指数增长和自然资源的逐渐短缺，海洋成为当今时代工业和信息发展的重要领域，建设海洋强国成为我国新时代发展方针中的重要组成部分，海洋开发进入了新的阶段。国际经济政治和外交形势的深刻变革，也促使我国继续调整海洋战略的结构部署，坚持南海海域的合理开发，未来将会有更多的海上工程出现在我国海域，海洋工程建设和开发将会如火如荼地展开。

与此同时，深海潜器、海洋燃气轮机、深海空间站等的应用开发也进入了新的阶段。深海空间站能为我国海洋科学研究、深水资源探测、国防观测等提供运输、维修、紧急救援等功能，而各类深海潜器在海底探矿、深海高精度地形勘探、生物探测、可疑物考察与捕获等方面起着无比重要的作用。这些机构和设备与陆

地使用不同，在海洋服役的海洋工程装备除了会承受正常的工作载荷外，还要承受海水腐蚀、生物污损、洋流冲刷、泥沙磨损以及风暴、波浪和潮汐等引起的附加载荷作用，更容易出现表面缺损而失效。此外，水下在役海工装备很难移出水面进行修复再制造，并且构件修复/更换成本高、周期长、难度极大。因此，实现水下现场高质量修复再制造的需求十分迫切。水下应急修复和日常维护工作成为目前海洋工程建设中亟待解决的关键技术，水下原位修复技术也成为国内外研究者人员争相努力攻破的技术难题之一。

在军事领域同样亟待发展水下原位修复技术。航母是现代科学技术的产物，也是一个非常复杂的系统工程，是将通信、情报、作战信息、反潜反导装置及后勤保障整合为一体的大型水面战斗基地平台。但航母及其配套舰艇在海洋环境中会遭受多种类型的损伤，主要包括船体腐蚀、船体结构变形、磨损和裂缝等。船体腐蚀、磨损和疲劳损伤程度随着服役时间的延长而增长；当达到一定程度后，势必削弱船体强度，严重时将难以保证服役性能要求，直接影响舰艇的使用寿命。美国智库战略与预算评估中心发布《水下战新纪元》，英国、德国、日本等发达国家也纷纷开始积极探索深海大型装备现场修复技术。

迅速现场修复破损的舰船装备，以保持海上战斗力、掌握海上战斗的主动权，对保证战斗的胜利有着十分重要的意义。因此，各海军强国都非常重视对现役舰船结构损伤现场抢修技术的研究。第二次世界大战中美"企业"号航空母舰、1982年马尔维纳斯群岛战争时英"格拉摩根"号驱逐舰经抢修而迅速恢复并投入战斗。然而，英美两国当时都是及时派出修理船队到战场附近进行修理，严格来说尚不能称为结构损伤的"现场抢修"。寻找一种适合于海战时使用的损伤结构现场抢修方法，研制奇缺的快速抢修设备，对保障我军战斗力有重要意义。

1.3 水下原位修复技术体系

当前水下修复技术主要包括水下电弧焊接技术和水下激光填丝焊接技术，根据焊接作业实施环境的不同可分为干法焊接和湿法焊接[11,12]。

1.3.1 水下电弧焊接技术

如图 1-2 所示，根据作业环境，水下电弧焊接技术一般分为三类：水下湿法电弧焊接技术、水下干法电弧焊接技术和水下局部干法电弧焊接技术。

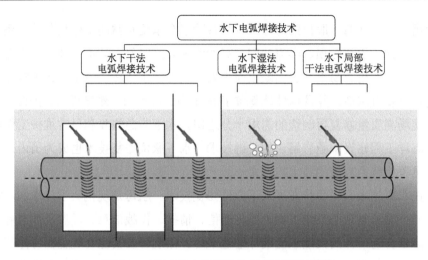

图 1-2 三种水下电弧焊接技术实施示意图[12]

(1) 水下湿法电弧焊接技术在海洋工程结构的建造和维修中一直发挥着重要作用。该方法不采用排水装置，焊枪和焊丝均直接暴露在水下环境中，电弧燃烧及熔池凝固过程均在水中进行。水下湿法电弧焊接技术的优点是所需设备简单、焊接成本较低、水下操作简便。该技术的缺点是水压的存在导致电弧不稳定、焊缝表面质量差、焊缝富集氢元素而易发生氢脆等[12]。

近些年来，水下湿法电弧焊接技术主要集中于对焊接材料及焊接工艺的开发，可通过研究改进水下焊接焊条和水下药芯焊丝，推动水下湿法电弧焊接技术的应用。目前所得水下焊缝的质量已达到美国焊接学会的标准。我国自 20 世纪 60 年代开始研发水下专用焊条，现在主要产品有 TSH-1、TS202、TS203 及 TS208，中国船舶重工集团公司第七二五研究所（洛阳船舶材料研究所）开发的 TS208 适用于 Q345 钢的焊接，抗拉强度大于 530 MPa，研究者将其与国外知名品牌进行了对比实验，获得了满意的结果[13]。发达国家对水下湿法电弧焊接技术进行了大量研究，英国已将水下湿法电弧焊接技术应用于北海钻井平台的修建和维护，美国也将水下湿法电弧焊接技术应用于潜艇的维护工作。在我国，哈尔滨工业大学和山东大学等单位也在水下湿法电弧焊接领域开展了大量的研究工作。

(2) 水下干法电弧焊接技术是指在水下创建尺寸较大的干区环境(图 1-3)，进而在此干区环境中进行焊接，因而能够获得较高的焊接质量[14]。根据水下气室内压力的大小，水下干法电弧焊接技术又分为高压干法和常压干法。1954 年，美国首次提出水下高压干法电弧焊接实施方法，并于 1966 年开始用于生产。目前实施水深能达到 300 m 左右，一般采用焊条电弧焊和惰性气体保护电弧焊，基本上可以获得等同于陆上质量的焊缝。英国克兰菲尔德大学、挪威 Sintef 高压焊接中心、挪威国家石油公司（Statoil ASA）等单位开发了模拟高压焊接的实验舱，并进行了水下高压干法电弧焊接海试实验。2015 年挪威国家石油公司在挪威海中实现水下 1000m 的石油管道的熔化极气体保护电弧焊（gas metal arc welding，GMAW），水下远程控制电弧焊接技术能够应用在海底管道的焊接和损坏部位的直接修复。

图 1-3　水下高压干法电弧焊接技术装备实物图[15]

我国的哈尔滨焊接研究所从 1980 年起开展对水下高压干法电弧焊接的研究工作，从模拟实验舱预研到实际现场验证，取得了较好的研究成果。近十几年，北京石油化工学院开展了大量的高压干法电弧焊接研究，对高压性钨极惰性气体保护焊（tungsten inert gas welding，TIGW）、熔化极惰性气体保护焊（melt inert-gas welding，MIGW）特性、电弧温度及熔滴过渡控制等方面开展了系统的研究工作。

北京石油化工学院与海洋石油工程股份有限公司合作，在国家 863 计划重大项目"水下干式管道维修系统"的支持下，建造了水下干式高压焊接实验装置，可以用于 100m 水深以内的高压焊接实验，研制了遥操作干式高压海底管道维修焊接机器人，实现了船上焊工遥操作与水下干式舱内潜水员的协同作业，开发了用于 60m 水深以内的高压环境管道全位置自动焊接工艺，焊接质量达到美国焊接学会水下焊接规范 AWS D3.6M:1999 *Specification for Underwater Welding* 规定的 A 类接头要求，而且采用高压空气作为干式舱内加压排水气体，工程作业成本显著降低。水下干式高压焊接在渤海湾完成了海上实验,焊工在母船上遥操作水下干式舱内的焊接机器人,获得了质量优良的管道全位置焊缝。

常压干法电弧焊接通常在完全密封的气室内进行,气室的压力和陆上大气压相同,这种焊接方式不受水环境的影响,但是气室造价昂贵,需要消耗大量人力、物力,通常用于焊接修复重要的水下结构。目前美国 IDS 公司研制的气室形状为圆筒状,该圆筒的长度为 3.66 m,半径为 1.2 m,主要用于水下管道的焊接修复[11]。

(3)水下局部干法电弧焊接技术是通过微型排水装置将待加工区的水排开,在水下形成局部无水干区,以减少水环境对焊接过程的影响。水下局部干法电弧焊接一般包括 TIGW、GMAW 和药芯焊丝电弧焊(flux cored arc welding,FCAW)等方法。相比于水下干法和水下湿法,水下局部干法电弧焊接既避免了焊接区域直接暴露在水中,缓解了海水带来的侵害,又无需大型昂贵的气室,需要的工作人员也较少,具有良好的适用性和经济性[15]。同时,水下局部干法电弧焊接技术能够获得明显高于水下湿法电弧焊接技术的焊缝质量,这使得水下局部干法电弧焊接技术具有广泛的应用前景。近 30 年来,世界范围内对局部干法已经进行了较多的研究,形成了气罩式、钢刷式、水帘式、可移动气室等多种方式,水下局部干法电弧焊接已成为水下焊接技术重点研究的方向之一。

1.3.2 水下激光填丝焊接技术

水下激光填丝焊接技术是一种新型的自动化水下焊接技术,其作为一种船舶及海洋工程水下修复领域的先进技术而备受关注[16]。水下激光填丝焊接技术具有受水压影响小、热输入量低以及残余应力水平低等优点,并且激光束可以通过光纤长距离传输,便于水下焊接设备的集成。同时,水下激光填丝焊接还可以克服水下电弧焊接过程中产生大量气体而导致裂纹等缺陷。当前水下激光填丝焊接技术主要分为水下湿法激光填丝焊接、水下干法激光填丝焊接、水下局部干法激光填丝焊接三种。

目前研究应用较多的是水下局部干法激光电弧焊接,利用局部排水装置将待焊工件周围区域的水排开,形成一个局部的干燥空间,利用光纤将激光传输至此水下局部干燥空间内,进而实施水下激光填丝焊接,其实施过程如图 1-4 所示。

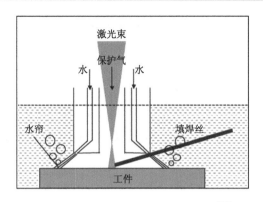

图 1-4 水下局部干法激光填丝焊接[17]

国内方面，清华大学张旭东等[18]研究了水下局部干法 Nd:YAG 激光焊接的基本物理现象。研究结果表明，利用气体喷嘴等排水装置可形成局部干燥空间，其排水效果受到排水罩外径大小、排水装置结构以及气流量等因素的影响。当排水效果不好时，水会流入局部干燥空间，导致焊缝表面出现起伏不平的情况，焊缝成形较差。哈尔滨工业大学郭宁等[19]利用自制的排水装置，以钛合金 Ti-6Al-4V 为焊接母材进行了水下局部干法激光填丝焊接工艺研究，重点研究了焊接速度与送丝速度对焊缝成形的影响，研究结果表明，通过匹配合适的焊接速度与送丝速度可以得到成形良好的焊缝。天津大学姚杞[20]采用水下局部干法激光填丝焊接技术，在不同水深和气流量条件下对不锈钢进行了焊接。结果表明，在气流量相同的情况下，随着水深增加，焊缝表面出现黑色氧化物，焊缝成形变差。在水深不变情况下，在气流量小于 10 L/min 时，焊缝表面出现大量氧化物，随着气流量增加，焊缝表面氧化物逐渐减少，焊缝成形改善。天津大学沈相星等[21]研制出一种可实现预热功能的水下局部干法激光填丝焊接排水装置，此排水装置内放置一块预热钢板，在进行水下焊接前对钢板进行加热，通过热传导对焊接件起到预热作用，使用此装置进行水下局部干法焊接激光填丝实验。结果表明，与不带预热的排水装置相比，采用带有预热功能的排水装置进行水下局部干法激光填丝焊接所得到的焊接接头韧性显著提高。

国外方面，日本东芝公司开发出一种多功能水下局部干法激光填丝焊接排水装置[22]，如图 1-5 所示，该焊接排水装置的结构尺寸为 85 mm × 85 mm × 45 mm，可以灵活进入核电站反应堆部件内的狭窄区域，适应于平焊、仰焊及立焊等多种焊接方式，该排水装置具有激光焊接、激光喷丸、焊后激光超声检测功能。

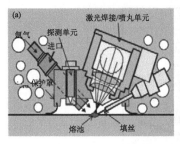  

图 1-5　日本东芝公司多功能水下局部干法激光填丝焊接排水装置结构[22]

(a)示意图；(b)实际结构图；(c)实施过程

　　日本日立公司设计开发了水帘式和钢刷式两种水下局部干法激光填丝焊接排水装置，采用水帘式可以在环境压力低于 0.3 MPa 的条件下创造稳定的水下局部干燥空间，并可以在合适的工艺参数下保持 15 mm 左右的工作距离，但在高压状态下排水效果不够稳定。为此，日本日立公司开发出钢刷式排水装置，通过不锈钢丝所围成的钢丝圈代替水帘，并在钢丝外侧套一层 100~200 目的钢丝圈，此种结构具有良好的稳定性和密封性，可以使用于环境压力较高的场合。德国的 BIAS 研究所设计了不同类型的水下局部干法激光填丝焊接排水装置，并实现了 1 MPa 压力环境下的水下局部干法激光填丝焊接。日本 IHI 公司和美国西屋电气公司联合开发了水下局部干法激光填丝焊接修复技术，并进行了平焊和立焊两种焊接实验，结果表明，两种焊接位置都有良好的可焊性。另外，美国西屋电气公司利用水下局部干法激光填丝焊接成功地修复了南卡罗来纳州的罗宾逊核电站，将水下局部干法激光填丝焊接成功应用到实际工程应用当中。

1.4　水下局部干法激光沉积再制造技术及系统组成

　　20 世纪 90 年代起，基于同轴送粉式激光沉积再制造［也称为直接金属沉积（direct metal deposition，DMD）］技术得到了世界范围内各界人士的高度关注。激光沉积再制造技术能够加工制造致密的金属构件，并且能够直接成形难加工材料。为此，美国桑迪亚（Sandia）国家实验室、斯坦福大学、密歇根大学、德国亚琛工业大学及 Fraunhofer 激光技术研究所等研究单位均对该技术进行了大量研究，并开发出一系列的激光沉积再制造设备及工艺。同轴送粉式激光沉积过程如图 1-6 所示[23]，激光经聚焦后汇聚于基体材料表面形成微熔池，合金粉末通过喷嘴内通道同轴送至熔池,过高功率激光原位冶金熔化／快速凝固逐层堆积形成目标零件。
与传统锻造相比,该技术主要有以下优点:

　　(1)激光原位冶金熔化并快速凝固,制造周期短;

　　(2)成形件晶粒细小、成分均匀、组织致密,综合力学性能优异;

　　(3)高柔性制造能力显著提高结构设计自由度;

　　(4)可灵活改变局部激光熔化沉积材料的化学成分和显微组织,实现多材料、
梯度材料等高性能金属材料构件制造。

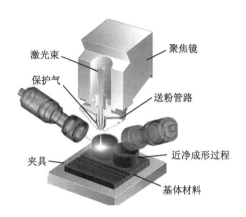

图 1-6　同轴送粉式激光沉积示意图[23]

　　基于激光沉积技术在损伤结构件修复、高性能涂层制备、复杂结构件制造方
面的显著优势,该技术已被广泛应用于飞机起落架、航空发动机、铁路轨道等关
键件的修复再制造。

　　因此,若能将陆上激光直接金属沉积技术拓展至水下环境,突破水环境的限
制,实现水下在役海工装备损伤结构件的原位高性能修复再制造,可显著提高海
工装备的服役安全和服役寿命。为了实现水下激光沉积修复海洋装备受损部位的
目标,需要将现有的激光沉积加工系统移至水下。然而,若直接在水下环境中开
展水下湿法激光沉积修复实验,水的散射和折射能显著削弱激光能量,并且待修
复区表面会形成一种水蒸气气溶胶,进一步造成传输过程中的激光能量的吸收、
散射和折射,严重降低到达工件表面的激光功率,难以形成微熔池,无法实现修
复。此外,从沉积头中喷射而出的合金粉末势必会被水环境干扰而无法汇聚。因
此,基于同轴送粉式湿法激光沉积技术无法满足受损海洋工程构件的原位修复需

求。相较于干法激光沉积技术需要在水下环境中创造尺寸较大的干区环境，基于微型排水装置，通过压缩空气将待修复区域的水排开，在水下环境中形成局部干区以减少修复过程中水环境对沉积过程的影响[24]。

作者课题组结合陆上激光沉积再制造和局部干法修复技术，创新性地提出了水下局部干法激光沉积再制造技术。这一创新技术不仅具有高精度成形能力，而且展现出优异的光粉耦合性，支持多种沉积材料，且修复方向不受限制。该技术可为水下原位修复领域提供一种全新、高效的技术途径。图 1-7 是作者课题组所搭建的水下压力环境激光沉积再制造实验的示意图，主要由压力容器、排水罩、激光器、激光沉积头、送粉器、载粉气、保护气、空气压缩机等构成。其中，激光器发射提供熔化基材和粉末的激光束；送粉器用于输送水下压力环境激光沉积再制造所需金属粉末；激光沉积头为末端执行机构，用于将激光和金属粉末耦合于待加工处实现激光沉积再制造，激光沉积头上的摄像检测装置可以实现加工区域的在线定位和再制造质量的在线监测；激光沉积头保护罩用于防止水进入激光沉积头内部；排水罩用于形成水下局部干区；空气压缩机用于提供排水气，以形成水下局部干区。实验前，将基体材料置于压力容器底部，注水后密封压力容器。

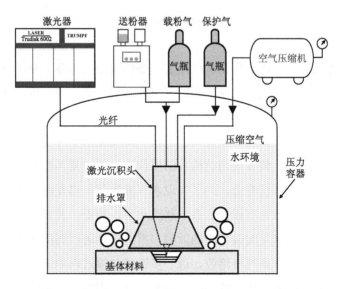

图 1-7　水下压力环境激光沉积再制造实验示意图

通过空气压缩机向压力容器内加压直至达到指定压力，然后调整泄压阀，使得进入压力容器内的气流量等于通过泄压阀排出的气流量，进而实现压力容器内的压力平衡。利用空气压缩机工作产生的压缩空气通入排水罩中，以在修复区域表面形成水下局部干区，保护气与金属粉末从激光沉积头内部通过，汇聚于待修复区域内，与此同时，激光通过光纤传输至激光沉积头并汇聚于基板上，熔化基板和金属粉末形成熔池。通过移动激光沉积头实现金属粉末堆积，实现对基体的预制缺陷修复。

图 1-8 展示水下局部干法激光沉积再制造技术修复实验过程与陆上环境激光沉积再制造过程的差异，主要归纳为以下四点：

(1)水下环境下采用高压空气排水构建稳定局部干区,局部干区压力高于陆上环境压力。

(2)水对基板的冷却作用。待修复区域表面的水被排开，但待修复区域周身及底部位置浸没在水中，在修复过程中，水环境促进基板散热，加快熔池冷却。

(3)水对沉积材料的淬冷作用。修复实验完成后移走修复区域上方的局部干区，则沉积材料将完全浸没在水环境中，沉积材料迅速淬冷。

(4)局部干区内有复杂流场，充斥着两股气流，分别是用于排水的压缩空气以及用于保护熔池的惰性气体(如氮气、氩气等)，两股气流间的复杂相互作用会对合金粉末汇聚以及熔池凝固产生影响。

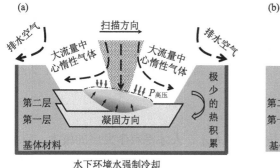 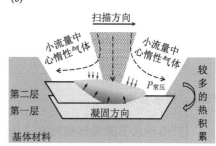

图 1-8　水下局部干法激光沉积再制造过程与陆上环境激光沉积再制造过程示意图

(a)水下高压环境；(b)陆上常压环境

1.5　水下局部干法激光沉积再制造技术应用前景

基于同轴送粉式水下局部干法激光沉积再制造技术的自身优势，可为受损海洋工程装备的原位高性能修复提供一条新思路。随着该技术的推广应用，在技术研究、技术管理和技术应用等层面将存在严峻挑战，需要进一步完善和发展，提升水下激光沉积再制造技术的竞争力。

1.5.1　技术研究层面

海洋工程装备设计材料体系庞大，既有传统的铝合金、钢制材料，又有轻质高强度的钛合金、镁合金，同时由于海洋工程装备长期在复杂且恶劣条件下服役，损伤缺陷种类和损伤部位迥异，且修复可靠性技术标准要求较高。为解决上述瓶颈问题，在技术层面，需要在受损海洋工程装备水下激光沉积再制造质量控制基础技术研究和修复关键技术两个方面实现重点突破。

(1)开展基础技术研究。寿命评估是水下激光沉积再制造质量控制的核心研究内容，建立准确的修复试样寿命预测模型，需要深入研究探索以海洋工程装备全寿命周期理论、废旧装备和沉积修复装备的寿命评估预测理论等为代表的基础理论，以揭示装备寿命演变规律的科学本质。为解决装备寿命评估这一难题，必须研究探索更多有效的水下原位无损检测及寿命预测理论模型与技术。

(2)突破关键技术。水下环境复杂且恶劣，随着水深增加，可见度降低。需要发展水下环境感知技术，识别海洋工程装备损伤所处空间位置及判定损伤类型。此外，需要不断创新研发用于水下激光沉积再制造的先进表面工程技术群，使海洋工程装备的修复部位强度更高、寿命更长，确保修复装备的质量不低于新品。

1.5.2　技术管理层面

(1)培养水下激光沉积再制造技术专门人才，人才是科学发展的根本。目前，激光沉积修复虽然已经列入了国家学科目录，但是，我国激光沉积修复技术发展起步晚。水下激光沉积再制造中涉及传热学、冶金学、材料学、流体动力学、机械制造、自动化控制等学科，是多学科、多领域科技知识的交叉融合。我国还未能有计划地培养出足够数量的水下激光沉积再制造工程学科人才。为此，受损海洋工程装备在开展水下激光沉积再制造技术研究的同时，应加强高校、研究院所和企业之间的产学研联合，加强人才联合培养力度，为实现水下激光沉积再制造技术的海底工程应用推广奠定基础。

(2)加快引进先进激光沉积设备，建立水下激光沉积再制造技术研究实验室。借助军民融合平台，与国内激光沉积强势院所积极开展技术合作，学习先进的设备操作技术和管理经验，深入调研各单位激光沉积设备；根据工厂实际情况，开展相关设备与技术的引进，加快海洋工程装备修理工厂激光实验室的建设步伐。

(3)推进激光沉积金属材料的研发体系建设。目前，全球范围内限制激光沉积技术发展的两大因素：一是工艺；二是材料。激光沉积金属材料包括丝材和粉末两种，金属粉末是装备修理的主要材料。为加快装备修理工厂自主技术能力的形成，从管理角度推进激光沉积金属粉末研发体系建设，既是装备大修生产的迫切需求，也是增材技术未来发展的大势所趋。

1.5.3 技术应用层面

技术标准是技术和产业健康、规范发展的有力保障。我国海洋工程装备原位修复技术起步较晚，相关企业的技术积累较少，修复标准缺乏，所以在一定程度上阻碍了水下激光沉积再制造技术的广泛应用。应尽快建立系统完善的水下激光沉积再制造工艺技术标准、质量检测标准等体现水下激光沉积再制造规范化的标准体系。

参 考 文 献

[1] 中华人民共和国中央人民政府. 《中国制造 2025》解读之：推动海洋工程装备及高技术船舶发展[EB/OL]. 2016-5-12. https://www.gov.cn/zhuanti/2016-05/12/content_5072766.htm.

[2] 刘诗瑶. 推动海洋装备制造再上新台阶(创新谈)[N]. 人民日报, 2022-5-16(19).

[3] 侯保荣, 张盾, 王鹏. 海洋腐蚀防护的现状与未来[J]. 中国科学院院刊, 2016, 31(12): 1326-1331.

[4] 方书甲. 海洋环境对海军装备性能的影响分析[J]. 舰船科学技术, 2004, 26(2): 5-10.

[5] 林俊辉, 淡振华, 陆嘉飞, 等. 深海腐蚀环境下钛合金海洋腐蚀的发展现状及展望[J]. 稀有金属材料与工程, 2020, 49(3): 1090-1099.

[6] Liao H P, Wang Z M, Chi P, et al. Evolutions of microstructure and mechanical property of 308L stainless steel repaired by the local dry underwater wire arc additive manufacturing[J]. Materials Science and Engineering: A, 2024, 296: 1463658.

[7] Fu Y L, Guo N, Zhou C, et al. Investigation on in-situ laser cladding coating of the 304 stainless steel in water environment [J]. Journal of Materials Processing Technology, 2021, 289: 116949.

[8] Kürnsteiner P, Wilms M, Weisheit A, et al. High-strength Damascus steel by additive manufacturing [J]. Nature, 2020, 582: 515-519.

[9] Zhang K, Chen Y H, Marussi S, et al. Pore evolution mechanisms during directed energy deposition additive manufacturing [J]. Nature Communications, 2024, 15: 1715.

[10] 徐滨士, 马世宁, 朱绍华, 等. 21 世纪绿色再制造工程及进展[J]. 材料导报, 2002, (1): 3-6.

[11] 陈英, 许威, 马洪伟, 等. 水下焊接技术研究现状和发展趋势[J]. 焊管, 2014, 37(5): 29-34.

[12] Łabanowski J. Development of under-water welding techniques[J]. Welding International, 2011, 25(12): 933-937.

[13] 吴伦发, 王君民, 郑晓光, 等. 低合金钢用湿法水下焊条的研制及应用[J]. 热加工工艺, 2006, 35(11): 65-67.

[14] Łabanowski J, Fydrych D, Rogalski G. Underwater welding—A review[J]. Advances in Materials Science, 2008, 8: 11-22.

[15] 朱加雷. 核电厂检修局部干法自动水下焊接技术研究[D]. 北京: 北京化工大学, 2010.

[16] 贾滨阳, 薛龙, 郭遵广, 等. 高压 GMAW 焊电弧温度光谱分析[J]. 北京石油化工学院学报, 2012, 20(1): 13-17.

[17] Zhang X D, Ashida E, Shono S, et al. Effect of shielding conditions of local dry cavity on weld quality in underwater Nd: YAG laser welding[J]. Journal of Materials Processing Technology, 2006, 174(1-3): 34-41.

[18] 张旭东, 陈武柱, 芦田荣次, 等. 局部干法水下 Nd: YAG 激光焊接技术[J]. 应用激光, 2002, 22(3): 309-312.

[19] 郭宁, 成奇, 付云龙, 等. TC4 钛合金水下激光填丝焊接工艺研究[J]. 机械工程学报, 2020, 56(6): 118-124.

[20] 姚杞. 不锈钢水下激光焊接研究[D]. 天津: 天津大学, 2014.

[21] 沈相星, 程方杰, 邸新杰, 等. 水下局部干法焊接预热技术及专用排水罩的研制[J]. 焊接学报, 2018, 39(3): 112-116.

[22] Zhu J L, Jiao X D, Zhou C F, et al. Applications of underwater laser peening in nuclear power plant maintenance[J]. Energy Procedia, 2012, 16: 153-158.

[23] Sun G F, Zhou R, Lu J Z, et al. Evaluation of defect density, microstructure, residual stress, elastic modulus, hardness and strength of laser-deposited AISI 4340 steel[J]. Acta Materialia, 2015, 84: 172-189.

[24] Fu Y L, Guo N, Zhou L, et al. Underwater wire-feed laser deposition of the Ti-6Al-4V titanium alloy[J]. Materials & Design, 2020, 186: 108284.

第 2 章

水下压力环境对激光沉积熔池凝固影响机制研究

水下激光沉积再制造技术可为受损海洋工程装备的原位修复提供一种新方法，沉积实验在由排水罩创造的局部干区内进行，局部干区中充斥着两股气流，分别是压缩空气和调大的载气，二者间的相互作用将产生复杂的流场。此外，在水下压力环境中，一方面，环境压力相对陆上显著增加；另一方面，在实验过程中，除基板上表面(沉积区域)外均浸泡在水环境中，水冷效应可加快熔池冷却。在宏观尺度上，这些外部因素会影响沉积轨迹轮廓，改变熔池表面温度分布及熔池内部温度梯度。在介观尺度上，外部因素及熔池热力学的改变会影响熔池动力学。在微观尺度上，这些潜在影响将最终反映在试样的枝晶形貌和溶质分布上。迄今为止，水下激光沉积再制造过程中固有的外部因素对熔池凝固的影响机制尚不明晰，相关领域的研究空白需进行填补。

2.1 水下压力环境激光沉积实验

本章选用一种真空感应气雾化高氮钢(high nitrogen steel，HNS)球形粉末颗粒作为沉积材料，基板为高氮钢轧制板材，以高氮钢单道沉积轨迹的成形过程为研究对象。由于本书中涉及两种高氮钢成分，根据氮含量差异，可分别命名为高氮HNS[氮含量为0.42%(质量分数，下同)]和低氮HNS(氮含量为0.23%)。本章所选用的为低氮HNS粉末。高氮钢基板和低氮HNS粉末的元素成分如表2-1所示。在水下激光沉积再制造过程中，设置环境压力为0.3 MPa(模拟水深30 m)，所使用的激光光斑直径为3 mm，激光功率为2500 W，扫描速度为10 mm/s，送粉速率为18 g/min，压缩空气的压力为0.4 MPa，载气和保护气压力均约为0.45 MPa，流量均为 20 L/min。粉末汇聚点和光斑汇聚点重合，离焦量为 0 mm。

表 2-1 高氮钢基板和低氮 HNS 粉末的元素成分 （单位：%）

元素	C	Si	N	Cr	Ni	Mo	Mn	Fe
低氮 HNS 粉末	0.07	0.73	0.23	15.90	4.63	1.43	0.43	Bal.
高氮钢基板	0.02	0.24	0.61	19.62	1.75	—	16.73	Bal.

注：Bal.表示余量。

2.2 数学模型建立

2.2.1 外部因素对沉积轨迹轮廓的影响

本节采用赝势多松弛格子玻尔兹曼模型(pseudopotential multi-relaxation-time lattice Boltzmann model，PMRT-LBM)计算水下激光沉积再制造过程中固有外部因素对沉积轨迹轮廓的影响。在计算域的底部放置一个具有固定接触角的熔滴来描述陆上激光沉积制备的单道轨迹轮廓。计算域的上表面为压缩空气和载气的入口，气流流速恒定。计算域底部为气流出口，出口速度设置为 $\frac{\partial u}{\partial y}=0$，其中 u 为速度，y 为方向。计算域的左右两侧采用周期性边界条件，在气/液表面施加反弹边界条件。

二维尺度的 PMRT-LBM 的通用控制方程[1]为

$$f_i(x+e_i\Delta t,t+\Delta t)-f_i(x,t)=-(M^{-1}\Lambda M)_{ij}(f_j-f_j^{\text{eq}})+F\Delta t,$$
$$i,j=0,1,\cdots,8 \tag{2-1}$$

式中，f_i 为分布函数；f_j 为在格点上的粒子沿某个离散方向 j 的分布函数；f_j^{eq} 为平衡分布函数；x、t 以及 Δt 分别为位置、时间以及时间步长；F 为外力项；正交变换矩阵(M)和离散速度(e_i)分别为

$$M=\begin{bmatrix}
1 & 1 & 1 & 1 & 1 & 1 & 1 & 1 & 1 \\
-4 & -1 & -1 & -1 & -1 & 2 & 2 & 2 & 2 \\
4 & -2 & -2 & -2 & -2 & 1 & 1 & 1 & 1 \\
0 & 1 & 0 & -1 & 0 & 1 & -1 & -1 & 1 \\
0 & -2 & 0 & 2 & 0 & 1 & -1 & -1 & 1 \\
0 & 0 & 1 & 0 & -1 & 1 & 1 & -1 & -1 \\
0 & 0 & -2 & 0 & 2 & 1 & 1 & -1 & -1 \\
0 & 1 & -1 & 1 & -1 & 0 & 0 & 0 & 0 \\
0 & 0 & 0 & 0 & 0 & 1 & -1 & 1 & -1
\end{bmatrix} \tag{2-2}$$

$$e_i = c \times \begin{bmatrix} 0 & 1 & 0 & -1 & 0 & 1 & -1 & -1 & 1 \\ 0 & 0 & 1 & 0 & -1 & 1 & 1 & -1 & -1 \end{bmatrix} \tag{2-3}$$

其中，c 为晶格速度，$c=\Delta x/\Delta t$，Δx 为晶格长度；Λ 为对角矩阵，由松弛时间组成：

$$\Lambda = \mathrm{diag}(\tau_\rho^{-1}, \tau_e^{-1}, \tau_\zeta^{-1}, \tau_j^{-1}, \tau_q^{-1}, \tau_j^{-1}, \tau_q^{-1}, \tau_\nu^{-1}, \tau_\nu^{-1}) \tag{2-4}$$

其中，τ_ν 决定流体的剪切黏性系数，计算公式为 $\nu = (\tau_\nu - 0.5)\Delta t/3$。在本章中，对角矩阵中松弛时间的取值为：$\tau_\rho=1.0$，$\tau_j=1.0$，$\tau_\nu=1.0$，$\tau_e=1.25$，$\tau_\zeta=1.25$ 以及 $\tau_q=0.91$[2]。

分布函数和平衡分布函数矢量左乘正交变换矩阵 M，将速度空间的分布函数和平衡分布函数投影到矩空间，即 $m=Mf$，$m^{\mathrm{eq}}=Mf^{\mathrm{eq}}$。

对于 D2Q9 格式，矩空间平衡分布函数 m^{eq} 的表达式为

$$m^{\mathrm{eq}} = \rho[1, -2+3|u|^2, 1-3|u|^2, u_x, -u_x, u_y, -u_y, u_x^2 - u_y^2, u_x u_y]^{\mathrm{T}} \tag{2-5}$$

式中，ρ 和 $u=[u_x, u_y]^{\mathrm{T}}$ 分别为宏观密度和速度，由式(2-6)和式(2-7)计算，即

$$\rho = \sum_{i=0}^{8} f_i \tag{2-6}$$

$$\rho u = \sum_{i=0}^{8} e_i f_i + \frac{F\Delta t}{2} \tag{2-7}$$

将式(2-1)两侧左乘正交变换矩阵 M，可得到矩空间下的 LBM 控制方程的矢量形式，即

$$m^* = m - \Lambda(m - m^{\mathrm{eq}}) + \Delta t\left(I - \frac{\Lambda}{2}\right)S \tag{2-8}$$

式中，I 为单位矩阵；S 为矩空间下的外力项矢量，与速度空间下外力项矢量的对应关系为 $(I - \Lambda/2)S = MF$。

流体颗粒的流动在速度空间中实现，表示为

$$f_i(x + e_i \Delta t, t + \Delta t) = f_i^*(x, t) + \omega_i E \tag{2-9}$$

其中，将矩空间的分布函数转换为速度空间的分布函数需要计算 $f^* = M^{-1}m^*$；f_i^* 为碰撞操作后局部平衡分布函数的值；E 为源项，表示氮在固/液界面处的再分配，源项的表示可参考 Zhang 等[3]的研究。

在式(2-10)中，对于 D2Q9 格式，S 的计算方式为

$$\begin{aligned} S = [&0, 6u \times F + 12\varepsilon|F|^2/(\psi^2 \Delta t(\tau_e - 0.5)), -6u \times F \\ &-12\varepsilon|F|^2/(\psi^2 \Delta t(\tau_\zeta - 0.5)), F_x, -F_x, F_y, -F_y, \\ &2(u_x F_x - u_y F_y), u_x F_y + u_y F_x]^{\mathrm{T}} \end{aligned} \tag{2-10}$$

式中，ψ 为流体的宏观变量（如密度、压力、温度等）；参数 ε 用来调节模型的力学稳定性，其取值为 $\varepsilon=0.084$；u 为速度矩阵；F 为外力矩阵；F_x、F_y 分别为外力在 x、y 方向的分量。

F 的计算公式为 $F=F_c+F_{ads}$，其中，F_c 和 F_{ads} 分别为流-流作用力和流-固作用力。F_c 和 F_{ads} 的计算公式分别为

$$F_c(x,t)=-G_c\psi(x,t)\sum_i\omega_i\psi(x+e_i\Delta t,t)e_i \tag{2-11}$$

$$F_{ads}(x,t)=-G_{ads}\psi^2(x,t)\sum_i\omega_i s(x+e_i\Delta t,t)e_i \tag{2-12}$$

式中，G_c 和 G_{ads} 是调节流-流作用力和流-固作用力的系数。本章采用 $G_c=-1$，$G_{ads}=-1.15$。$s(x+e_i\Delta t)$ 是一个标记函数，其中 $s=1$ 表示实体节点，$s=0$ 表示流体节点。对于 $|e_i|^2=1$，权重系数 $\omega_i=1/3$；对于 $|e_i|^2=2$，权重系数 $\omega_i=1/12$。ψ 的表达式如式（2-13）所示：

$$\psi=\sqrt{\frac{2(P_{EOS}-\rho c_s^2)}{G_c}} \tag{2-13}$$

式中，$c_s^2=1/3$；$G_c=-1$。P_{EOS} 的表达式[4]为

$$P_{EOS}=\frac{\rho RT}{1-b\rho}-\frac{a\alpha(T)\rho^2}{1+2b\rho-b^2\rho^2} \tag{2-14}$$

其中，

$$\alpha(T)=\left[1+\left(1-\sqrt{\frac{T}{T_c}}\right)(0.37464+1.54226\omega-0.26992\omega^2)\right]^2 \tag{2-15}$$

根据文献[5]，T 为温度，$T_c=0.072922$。系数 a、b、R 及 ω 分别为 $a=2/49$、$b=2/21$、$R=1$、$\omega=0.344$。此外，在本章中设置 $T=0.9T_c$。

在 PMRT-LBM 模拟中，采用周期边界条件和由非平衡外推实现的等密度边界条件；在流-固边界上采用反弹边界条件。

2.2.2　外部因素对马兰戈尼对流的影响

陆上及水下激光沉积再制造过程的熔池温度数据由有限元模型获取[6]。将2.2.1 节中计算得到的熔滴轮廓作为沉积轨迹轮廓代入温度场模型。对陆上温度场模型的边界条件进行修改，以适用于水下环境，水下环境中的对流传热系数［单位为 W/(m²·℃)］[7]为

$$h_{\text{c-water}} = \begin{cases} 200, & T < 100℃ \\ 200 + 354(T - 100), & 100℃ \leqslant T \leqslant 130℃ \\ 9742 - 96(T - 130), & 130℃ < T \leqslant 220℃ \\ 1102, & T > 220℃ \end{cases} \tag{2-16}$$

采用双分布格子玻尔兹曼模型 (double-distribution-function lattice Boltzmann model, DDF-LBM) 计算水下激光沉积再制造过程固有的外部因素对马兰戈尼 (Marangoni) 对流的影响[8]，在固/液界面设置反弹边界条件。DDF-LBM 的详细介绍如下。

用于描述速度域的 LBM 方程由式 (2-17) 给出，即

$$f_i(x + e_i\Delta t, t + \Delta t) - f_i(x, t) = \left(1 - \frac{1}{\tau}\right)f_i(x, t) + \frac{1}{\tau}f_i^{\text{eq}}(x, t) + F\Delta t \tag{2-17}$$

式中，τ 决定运动黏度，表达式为 $\nu = (\tau - 0.5)\Delta t/3$。

平衡分布函数 f_i^{eq} 的表达式为

$$f_i^{\text{eq}}(x, t) = \rho\omega_i\left(1 + \frac{e_i \cdot u}{c_s^2} + \frac{(e_i \cdot u)^2}{2c_s^4} - \frac{u^2}{2c_s^2}\right) \tag{2-18}$$

式中，ω_i 为权重系数。对于 D2Q9 格式，ω_i 的取值如下：

$$\omega_i = \begin{cases} \dfrac{4}{9}, & i=0 \\[2mm] \dfrac{1}{9}, & i=1,2,3,4 \\[2mm] \dfrac{1}{36}, & i=5,6,7,8 \end{cases} \tag{2-19}$$

用于描述热传递的 LBM 方程见式 (2-20)，即

$$h_i(x + e_i\Delta t, t + \Delta t) - h_i(x, t) = \left(1 - \frac{1}{\tau_{\text{T}}}\right)h_i(x, t) + \frac{1}{\tau_{\text{T}}}h_i^{\text{eq}}(x, t) \tag{2-20}$$

式中，h_i 为热的分布函数；τ_{T} 为温度扩散系数。h_i^{eq} 的表达式如式 (2-21) 所示：

$$h_i^{\text{eq}}(x, t) = T\omega_i\left(1 + \frac{e_i \cdot u}{c_s^2} + \frac{(e_i \cdot u)^2}{2c_s^4} - \frac{u^2}{2c_s^2}\right) \tag{2-21}$$

式中，T 为温度，$T = \sum\limits_{i=0}^{8} h_i$。双分布格子玻尔兹曼模型采用零通量边界条件。

2.2.3　外部因素对枝晶生长的影响

本节提出的仿真模型是将用于计算熔池凝固过程的元胞自动机 (cellular

automaton，CA）模型与 2.2.2 节中的双分布格子玻尔兹曼模型进行耦合[9]而得的。
CA 模型以及温度场模型的相关介绍可参考文献[6]。此外，在 DDF-LBM 中加入
两个额外的 LBM 方程[式(2-22)]，用于计算溶质扩散[10]。第一个 LBM 方程用于
计算熔池中的碳扩散并控制枝晶生长。氮是 HNS 中的标志性元素，第二个 LBM
方程用于计算其在熔池中的分布。忽略碳和氮之间的相互扩散。相关的 LBM 方
程如下所示：

$$g_i^\sigma (x + e_i \Delta t, t + \Delta t) - g_i^\sigma (x,t) = \left(1 - \frac{1}{\tau_c^\sigma}\right) g_i^\sigma (x,t) + \frac{1}{\tau_c^\sigma} g_i^{\sigma,\mathrm{eq}} (x,t) + G^\sigma (x,t)$$

$$(2\text{-}22)$$

式中，g_i 为溶质浓度的分布函数；σ 为系统中的不同组分（碳和氮）；τ_c^σ 为溶质扩
散系数，由 $D_\sigma^L = (\tau_c^\sigma - 0.5)\Delta t/3$ 表示；G^σ 为溶质浓度源项，凝固过程中通过固/液
界面排出的溶质总量由局部溶质守恒决定，并以源项的形式加入 LBM 方程中。

2.3　沉积轨迹轮廓演化

在水下激光沉积再制造过程中，调大的载气和压缩空气共同维持局部干区的
稳定，图 2-1 揭示了这两股气流间的相互作用。从图 2-1 中可以看出，虽然压缩
空气的流速是载气的 5~10 倍[图 2-1(b)]，但从二者的流线图[图 2-1(a)]来看，
压缩空气并不影响载气的运动方向。熔池形成于载气的作用范围内，故而相应的
沉积轨迹轮廓、熔池内部传热传质以及动力学仅受载气的影响，在后续研究中忽
略压缩空气的作用。

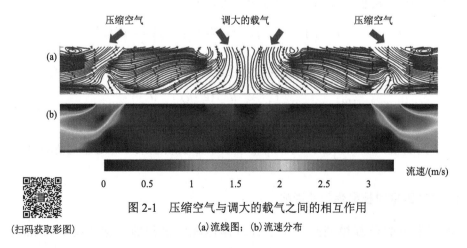

（扫码获取彩图）

图 2-1　压缩空气与调大的载气之间的相互作用
(a)流线图；(b)流速分布

沉积轨迹的宽度定义为 W，高度定义为 H。图 2-2(a) 为陆上激光沉积再制造过程制备得到的单道沉积轨迹轮廓形貌，图 2-2(b)~(d) 为不同外部因素作用下沉积轨迹轮廓演化的实验及模拟结果，每张图的左下角注明了接触角。需要注意的是，出于安全考虑，没有进行陆上高压 (0.3 MPa) 对沉积轨迹轮廓影响的实验。从图 2-2 中可以看出，施加高压 (0.3 MPa) 或调大载气，熔滴逐渐扁平，接触角变小。在水下激光沉积再制造过程中，这些外部因素的耦合作用使熔滴趋于平缓的趋势更加明显。表 2-2 为不同外部因素下的 W/H 演化结果的实验与仿真结果。从表 2-2 中可以看出，计算得到的宽高比演化趋势与实验结果一致，仿真值稍低于实验值。在水下激光沉积再制造过程中，宽高比由陆上环境中的 3.21 增加到 5.10。

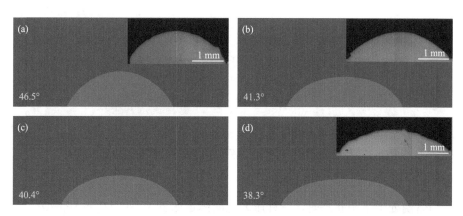

图 2-2　不同外部因素下沉积轨迹轮廓演化

(a) 陆上环境；(b) 调大载气；(c) 增大环境压力 (0.3 MPa)；(d) 水下激光沉积再制造过程

表 2-2　通过仿真/实验得到不同外部因素下的 W/H 演化结果

工况	W/H 仿真结果	W/H 实验结果
陆上环境	3.05	3.21
调大载气	3.72	3.89
增大环境压力	3.94	—
水下激光沉积再制造过程	4.93	5.10

水下激光沉积再制造过程中固有的外部因素对沉积轨迹 (熔滴) 轮廓的作用如图 2-3(a) 所示，流线表示载气运动方向，箭头表示水下环境压力的压应力作用方向。载气的流速分布如图 2-3(b) 所示。通常来说，影响沉积熔滴轮廓的因素包括表面张力、静压力 (ΔP_s) 及气动压力 (ΔP_e)[11]。在气液两相流系统中，平直气液界

面两侧的流体压力是相等的，而凹侧的流体压力大于凸侧，这种压力差被称为拉普拉斯压力(ΔP_γ)，可用拉普拉斯定律表示，即

$$\Delta P_\gamma = \frac{2\gamma}{R} \tag{2-23}$$

气动压力的表达式为

$$\Delta P_e = \frac{V^2}{2}\rho_g \tag{2-24}$$

式中，R 为熔滴半径；γ 为表面张力系数；V 为流经熔滴表面气流的流速；ρ_g 为气流的密度。

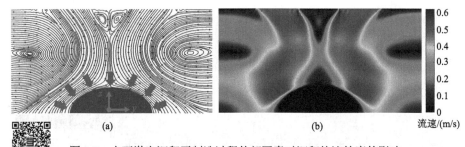

(a)   (b)   流速/(m/s)

图 2-3   水下激光沉积再制造过程外部因素对沉积轨迹轮廓的影响

(扫码获取彩图)   (a) 载气流线图(箭头表示压应力作用的方向)；(b) 载气流速分布

当熔滴处于平衡状态时，三种压力之间满足如下关系：$\Delta P_s = \Delta P_\gamma + \Delta P_e$。将载气流速调大，此时熔滴的轮廓演化与雨滴下落时类似。在雨滴下落过程中，雨滴下表面受到气流的影响，流经下表面的气流速度远大于上表面。由此，雨滴下表面受到的气动压力将显著高于上表面。雨滴上下表面存在气动压差，下表面的曲率($1/R$)必须适当降低以维持压力平衡。此时的雨滴下表面变得扁平，整体形状与汉堡类似，而不是通常认定的眼泪状[12]。雨滴下落时的形状变化可被借鉴到本章的研究内容中来，当熔滴表面载气流速增加时，熔滴表面的气动压力随之增强，熔滴只能通过扁平化，以增大半径的方式维持新的压力平衡。当载气流量超过临界值时，熔滴将会被吹散，沉积轨迹消失。当熔滴表面的环境压力增加到 0.3 MPa 时，熔滴的压力平衡转变为：$\Delta P_s = \Delta P_\gamma + \Delta P_e + \Delta P_a$，其中，$\Delta P_a$ 代表增大的环境压力。同样地，熔滴将以扁平化的方式维持新的压力平衡。

2.4　熔池动力学演化

熔池表面不均匀的温度分布可引发巨大的温度梯度,进而导致强烈的表面马兰戈尼应力。表面马兰戈尼应力的表达式为

$$F_{\mathrm{M}} = \frac{\partial r}{\partial T} \nabla T \tag{2-25}$$

式中,r 为表面张力;$\dfrac{\partial r}{\partial T}$ 为表面张力系数;∇T 为温度梯度。

在表面马兰戈尼应力的驱动下,熔池内部产生由高温区域流向低温区域的马兰戈尼对流,熔池动力学演化结果如图 2-4 所示。从流线图中可以看出,四种工况下熔池的流动模式相似,熔池自由表面附近的对流流速最快,马兰戈尼涡处流速最慢。表 2-3 列出不同工况下马兰戈尼对流的流速统计结果。在陆上激光沉积再制造过程中,熔池内的最大流速为 2.1648 m/s,平均流速为 0.4367 m/s。只将载气调大对流速的影响并不显著,最大流速仅提高了 0.72%。将熔滴表面压力提高至 0.3 MPa 时,增大的环境压力与只调大载气相比,最大流速提高了 5.72%。受到外部因素的耦合作用时,水下激光沉积再制造过程中最大流速可达 2.7463 m/s。

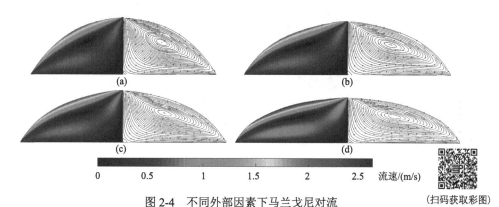

图 2-4　不同外部因素下马兰戈尼对流

（扫码获取彩图）

(a)陆上环境; (b)调大载气; (c)增大环境压力(0.3 MPa); (d)水下激光沉积再制造过程

马兰戈尼对流加快可归因于水下环境造成的熔池热力学改变以及水下激光沉积再制造过程固有的外部因素。在本章中,我们推断熔池热力学的改变包括两部分:首先,图 2-5 显示相同工艺参数下陆上及水下激光沉积再制造试样熔池内的温度分布情况。从图 2-5 中看出,由于水冷效应,水下激光沉积再制造试样熔池

表 2-3　不同工况下马兰戈尼对流流速统计结果

工况	最大流速/(m/s)	平均流速/(m/s)
陆上激光沉积再制造过程	2.1648	0.4367
调大载气	2.1804	0.4416
增大环境压力	2.3052	0.6153
水下激光沉积再制造过程	2.7463	0.6563

内的峰值温度显著降低。若陆上与水下激光沉积再制造试样熔池同时开始凝固，熔池底部的温度是相同的，但此时陆上激光沉积再制造试样熔池表面的温度显著高于水下。温度升高会弱化分子间的相互作用，从而降低表面张力系数[13]。在这种情况下，陆上激光沉积再制造试样熔池的表面张力系数将低于水下激光沉积再制造试样熔池。水下激光沉积再制造试样熔池中相对增大的表面张力系数可增强表面马兰戈尼应力，导致马兰戈尼对流加快。

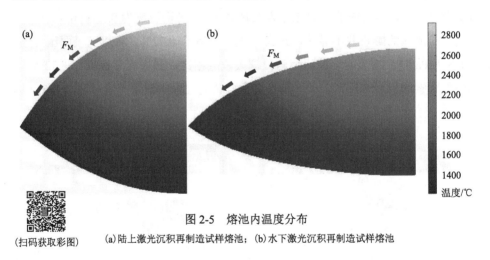

(扫码获取彩图)

图 2-5　熔池内温度分布

(a)陆上激光沉积再制造试样熔池；(b)水下激光沉积再制造试样熔池

　　另外，图 2-6 显示陆上及水下激光沉积再制造过程中总体、z 轴方向和 y 轴方向温度梯度的比较结果。需要注意的是，本章研究的重点是试样横截面熔池动力学的演变，故而没有考虑 x 轴方向的温度梯度变化。从图 2-6 中可以看出，无论是陆上激光沉积再制造过程还是水下激光沉积再制造过程，z 轴方向的温度梯度均远大于 y 轴方向，说明 z 轴方向的温度梯度的变化将主导表面马兰戈尼应力，进而影响熔池动力学。在水冷作用下，相较于陆上激光沉积再制造过程，水下试样 z 轴方向的温度梯度提高了 1.25 倍。由于水下试样熔池宽度增加，y 轴方向温度梯度略有减小。在水下环境中，增大的温度梯度将提升表面马兰戈尼应力，进而加快熔池内部马兰戈尼对流。

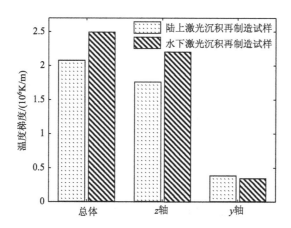

图 2-6　陆上及水下激光沉积再制造试样温度梯度对比

　　同样地，增大的环境压力对熔池动力学的影响可从两方面进行解释。一方面，环境压力带来的压应力可触发熔池内部环流。需要注意的是，压应力的方向与表面马兰戈尼应力在 z 轴方向是一致的，而在 y 轴方向是相反的。当熔池外部环境压力增加时，表面马兰戈尼应力在 y 轴方向的部分分量会被抵消，而在 z 轴方向的分量得到增强。总的来说，环境压力带来的压应力与表面马兰戈尼应力的合力相对初始表面马兰戈尼应力是增强的，故而马兰戈尼对流得以加强。另一方面，本章中所使用的载气为氮气，升高的环境压力会增大熔池表面氮分压，增强氮在熔池内的溶解度[14]，进而降低熔池的表面能[15]。因此，水下激光沉积再制造过程的表面张力会有所降低。受限于设备，我们无法准确获取压力为 0.3 MPa 下熔池表面精确的表面张力。文献[16]在氮气保护氛围下，当环境压力从常压增加到 0.3 MPa 时，水的表面张力仅降低了 2.7%。因此，我们推断升高的环境压力（0.3 MPa）对熔池表面张力的弱化作用并不显著，可忽略不计。

　　调大的载气不仅能增大熔池表面的气动压力，使熔池扁平，还可在气流经过时于熔池表面产生黏滞阻力。如图 2-3（b）所示，熔滴表面附近的载气流速非常小，随着远离熔滴表面，载气的流速有所增加。因此，在熔滴表面处存在气流流速梯度，速度梯度的存在可引发黏滞阻力［式（2-26）］。黏滞阻力与表面马兰戈尼应力方向一致，可引发熔池内部环流，加快马兰戈尼对流。将图 2-3（b）的模拟结果代入式(2-26)，计算得到的黏滞阻力很小，对马兰戈尼对流的增强作用并不显著。

$$f_v = 0.2R^2V^2\pi\rho_g \tag{2-26}$$

2.5　枝晶生长演化

2.5.1　枝晶形貌

将陆上/水下激光沉积再制造过程所形成的熔池（即陆上/水下熔池）的凝固参数代入 CA-LBM 模型，可计算得到枝晶生长及氮浓度分布情况。为提升计算效率、节省计算时间，采用对称边界条件，只求解计算区域的一半，结果如图 2-7 所示，将远离熔池底部的位置定义为上游区域，靠近熔池底部的位置定义为下游区域。随着枝晶的生长，熔池的自由表面积减小，马兰戈尼对流在熔池凝固过程中被固/液界面不断压缩。图 2-7(b) 中标记的枝晶生长速度快于其他枝晶，其过度生长阻碍了马兰戈尼对流向下游的流动。因此，在图 2-7(c) 中的下游区域观察到一个额外的涡流。水下激光沉积再制造过程熔池内没有出现过度生长的枝晶，其流动模式表现为典型的马兰戈尼对流。陆上激光沉积再制造过程熔池上游区域的枝晶细密，而下游区域的枝晶粗大。相应地，下游区域枝晶的二次枝晶臂也得到了充分生长。在水下激光沉积再制造过程熔池内也观察到同样的现象，但其枝晶形貌差异没有陆上激光沉积再制造过程熔池显著。

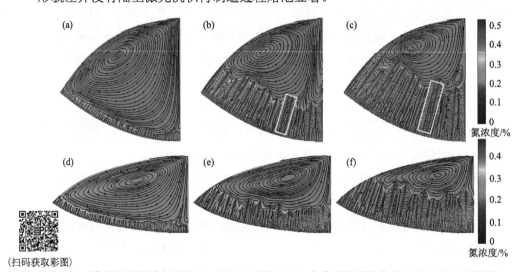

（扫码获取彩图）

图 2-7　模拟得到的陆上熔池(a~c)和水下熔池(d~f)中典型的枝晶生长和马兰戈尼对流情况

(a) 1 ms；(b) 4 ms；(c) 7 ms；(d) 0.906 ms；(e) 2.73 ms；(f) 4.53 ms

图 2-8 为实验得到的陆上及水下激光沉积再制造试样横截面的枝晶形貌，枝晶生长方向与模拟结果一致（箭头表示枝晶生长方向），沿最大温度梯度方向生长。图 2-8(c~f) 为图 2-8(a、b) 中 Area 1、Area 2、Area 3 及 Area 4 的放大图，代表了陆上及水下激光沉积再制造试样上游及下游区域的典型枝晶形貌。陆上激光沉积再制造试样下游区域的一次枝晶臂间距(primary dendrite arm spacing，PDAS)为 5.75 μm，远大于上游区域的 3.77 μm。此外，陆上激光沉积再制造试样的下游区域发现了明显的二次枝晶臂，而上游区域中并未发现。在水下激光沉积再制造试样中，上游区域的一次枝晶臂间距为 4.31 μm，接近下游区域的 5.16 μm，上游及下游间的枝晶形貌差异较陆上激光沉积再制造试样有所降低。

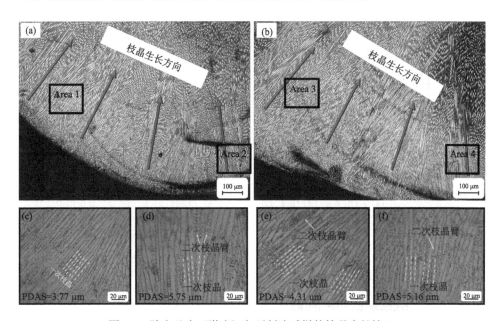

图 2-8　陆上及水下激光沉积再制造试样的枝晶生长情况

(a)陆上激光沉积再制造试样典型枝晶形貌；(b)水下激光沉积再制造试样典型枝晶形貌；(c)Area 1 的放大图；
(d)Area 2 的放大图；(e)Area 3 的放大图；(f)Area 4 的放大图

2.5.2　溶质分布

为更直观地揭示溶质(氮)分布与枝晶形貌间的关联性，沿着图 2-9 中的等温线 $L1$ 和 $L3$ 提取氮浓度 C 和相应的元胞状态（"0""1""2"分别为液相、固/液界面及固相），结果如图 2-10 所示。在陆上激光沉积再制造试样中，从熔池上游到熔池下游，枝晶间区域(液相)的氮浓度从 0.35%逐渐增长到 0.45%。上游区

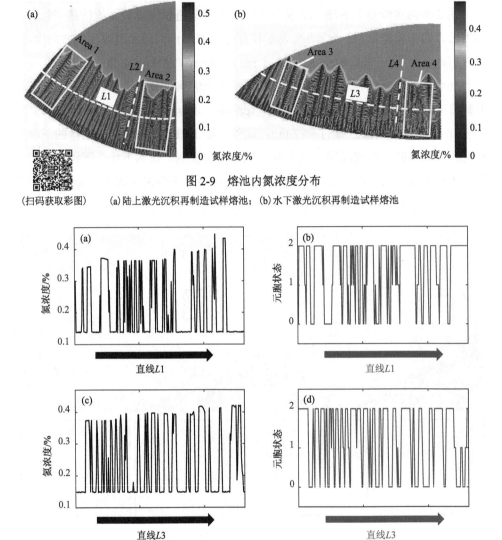

图 2-9 熔池内氮浓度分布

(扫码获取彩图) (a)陆上激光沉积再制造试样熔池；(b)水下激光沉积再制造试样熔池

图 2-10 氮浓度及元胞状态沿等温线变化

(a)L1 中氮浓度分布；(b)L1 中元胞状态分布；(c)L3 中氮浓度分布；(d)L3 中元胞状态分布

域 Area 1 枝晶间的氮平均浓度为 0.3519%，而下游区域 Area 2 枝晶间氮平均浓度为 0.4108%，增加了 16.7%。水下激光沉积再制造过程熔池内的马兰戈尼对流加强，Area 4 内枝晶间氮平均浓度仅比 Area 3 增加了 11.2%，水下激光沉积再制造试样内的氮浓度分布相对均匀。

受限于现有设备，微观尺度范围内氮浓度很难精确确定。为验证模型准确性，计算陆上及水下激光沉积再制造过程熔池内硅的浓度分布(图 2-11),并将计算结果与实验值(EDS 分析)进行比对,结果如图 2-12 所示。模拟结果表明,陆上激光沉积再制造试样上游枝晶间区域(Area 5)的硅平均浓度为 0.8688%,下游区域(Area 6)为 0.9528%,增加了 9.67%,相应的实验差值增加了 11.28%;在水下激光沉积再制造试样中,熔池上游(Area 7)和下游(Area 8)间的硅浓度仅增加了 6.56%,实验差值增加了 7.92%,模拟结果与实验值吻合性较好。Kao 等[17]在陆上环境中采用激光粉末床熔融(laser powder bed fusion,LPBF)技术制备 Al-Si 合金薄壁件时发现熔池底部硅浓度高于熔池侧面。氮和硅在固相中的溶解度低于液相,相应的平衡分配系数(k)均小于 1.0[18]。这些共同特征表明,硅浓度分布的验证实验可用来说明凝固过程中马兰戈尼对流对氮浓度分布的影响。

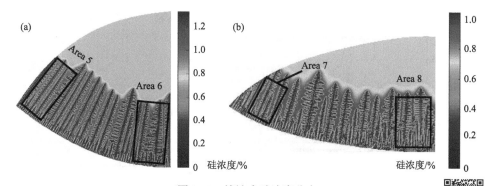

图 2-11　熔池内硅浓度分布

(a)陆上激光沉积再制造试样熔池;(b)水下激光沉积再制造试样熔池

(扫码获取彩图)

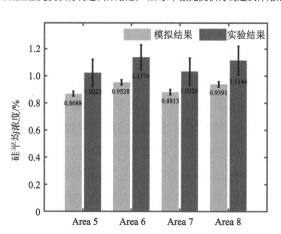

图 2-12　模拟所得不同区域硅浓度与 EDS 分析结果对比

此外，沿枝晶生长方向(图 2-9 中 L2 和 L4)提取相应的氮浓度及元胞状态，二者之间的对应关系如图 2-13 所示。从图 2-13 中可以看出，陆上激光沉积再制造试样枝晶内部的氮浓度(C_s)为 0.1413%，而水下激光沉积再制造试样枝晶内部氮浓度增加到了 0.1525%。氮的峰值浓度(C_{max})出现在固/液界面处，陆上激光沉积再制造试样的 C_{max} 值为 0.3412%，而水下激光沉积再制造试样的 C_{max} 值降至 0.3282%。这一差异可归因于冷却速率的不同，在水下激光沉积再制造过程中，水对基板的冷却作用可加快熔池冷却，缩短熔池凝固时间。因此，氮来不及排入到液相中，而更多地固溶到基体中。随着远离固/液界面，陆上及水下激光沉积再制造试样熔池内的氮浓度均逐渐降至初始氮浓度 C_0(0.23%)。

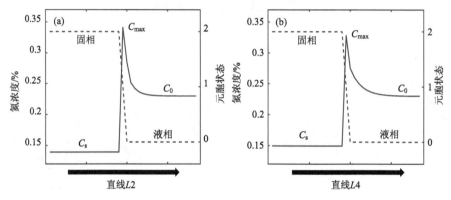

图 2-13　氮浓度(实线)和元胞状态(虚线)沿枝晶生长方向变化
(a)L2；(b)L4

马兰戈尼对流对熔池起到搅拌作用，进而影响熔池内的传热传质。马兰戈尼对流和热扩散对熔池传热影响的相对重要性可用佩克莱(Peclet)数(Pe_T)描述[19]，其数量级为 10^3，说明马兰戈尼对流对熔池传热的影响占据主导。马兰戈尼对流带动热流沿着熔池上表面流经固/液界面后返回熔池中心区域，在对流回程途中热流温度有所降低。熔池上游区域温度较高的热流导致这里的过冷度有所降低。相比之下，下游区域稍冷的热流可引发较大的过冷度，这将为枝晶提供更为充足的生长动力。过冷度的不同是导致熔池上游及下游间枝晶形貌差异的主要原因。在水下激光沉积再制造过程中，马兰戈尼对流加快，对熔池的搅拌作用增强。故而，熔池内的热分布更均衡，熔池上游及下游间的过冷度差异缩小，枝晶形貌差异得以改善。

马兰戈尼对流对溶质的再分配作用和溶质本身的扩散作用均可影响溶质在熔

池内的分布[20]。两类影响机制的相对重要性可以用无量纲数（Pe_C）来描述[21]，其数量级为 10^3 或 10^4，这说明马兰戈尼对流对溶质分布起到主导作用。氮在基体中的溶解度低于液相，随着枝晶生长，氮原子不断地从凝固前沿排出到周围的液相中。马兰戈尼对流可将被排出的氮原子输送到熔池下游。下游区域过冷度较大，此处的枝晶生长速率快，氮原子被凝固前沿捕获，在下游枝晶间富集。在水下激光沉积再制造过程中，马兰戈尼对流增强，各区域间枝晶生长速率差异缩小，更多的氮原子在被运走之前已被上游枝晶捕获。此外，加速的马兰戈尼对流可在氮原子被下游枝晶捕获前将其运出。因此，溶质浓度在水下激光沉积再制造试样中分布更为均匀。

参 考 文 献

[1] Chai Z H, Zhao T S. Effect of the forcing term in the multiple-relaxation-time lattice Boltzmann equation on the shear stress or the strain rate tensor[J]. Physical Review E, 2012, 86(1): 016705.

[2] Li Q, Luo K H, Kang Q J, et al. Contact angles in the pseudopotential lattice Boltzmann modeling of wetting[J]. Physical Review E, 2014, 90(5): 053301.

[3] Zhang Q Y, Sun D K, Pan S Y, et al. Microporosity formation and dendrite growth during solidification of aluminum alloys: Modeling and experiment[J]. International Journal of Heat and Mass Transfer, 2020, 146: 118838.

[4] Li Q, Kang Q J, Francois M M, et al. Lattice Boltzmann modeling of self-propelled Leidenfrost droplets on ratchet surfaces[J]. Soft Matter, 2016, 12(1): 302-312.

[5] Yuan P, Schaefer L. Equations of state in a lattice Boltzmann model[J]. Physics of Fluids, 2006, 18(4): 329.

[6] Xie H L, Yang K, Li F, et al. Investigation on the Laves phase formation during laser cladding of IN718 alloy by CA-FE[J]. Journal of Manufacturing Processes, 2020, 52: 132-144.

[7] Wang Z D, Yang K, Chen M Z, et al. Investigation of the microstructure and mechanical properties of Ti-6Al-4V repaired by the powder-blown underwater directed energy deposition technique[J]. Materials Science and Engineering: A, 2022, 831: 142186.

[8] Qiu R F, Zhu C X, Chen R Q, et al. A double-distribution-function lattice Boltzmann model for high-speed compressible viscous flows[J]. Computers & Fluids, 2018, 166: 24-31.

[9] Wolfram S. Cellular Automaton Fluids 1: Basic Theory[M]//Lattice Gas Methods for Partial Differential Equations. Boca Raton: CRC Press, 2019: 19-74.

[10] Mishra S C, Lankadasu A, Beronov K N. Application of the lattice Boltzmann method for solving the energy equation of a 2-D transient conduction–radiation problem[J]. International

Journal of Heat and Mass Transfer, 2005, 48(17): 3648-3659.

[11] McDonald J E. The shape and aerodynamics of large raindrops[J]. Journal of Meteorology, 1954, 11(6): 478-494.

[12] Szakáll M, Mitra S K, Diehl K, et al. Shapes and oscillations of falling raindrops—A review[J]. Atmospheric Research, 2010, 97(4): 416-425.

[13] Zhang X Y, Li W G, Xu J S, et al. Temperature and composition dependent surface tension of binary liquid alloys[J]. Surfaces and Interfaces, 2022, 29: 101760.

[14] Hinton Z R, Alvarez N J. Surface tensions at elevated pressure depend strongly on bulk phase saturation[J]. Journal of Colloid and Interface Science, 2021, 594: 681-689.

[15] Pitthan E, Amarasinghe V P, Xu C, et al. 4H-SiC surface energy tuning by nitrogen up-take[J]. Applied Surface Science, 2017, 402: 192-197.

[16] Yan W, Zhao G Y, Chen G J, et al. Interfacial tension of (methane+ nitrogen)+ water and (carbon dioxide+ nitrogen)+ water systems[J]. Journal of Chemical & Engineering Data, 2001, 46(6): 1544-1548.

[17] Kao A, Gan T, Tonry C, et al. Thermoelectric magnetohydrodynamic control of melt pool dynamics and microstructure evolution in additive manufacturing[J]. Philosophical Transactions Series A, Mathematical, Physical, and Engineering Sciences, 2020, 378(2171): 20190249.

[18] Zhang Q Y, Wang T T, Yao Z J, et al. Modeling of hydrogen porosity formation during solidification of dendrites and irregular eutectics in Al–Si alloys[J]. Materialia, 2018, 4: 211-220.

[19] Hu Y W, He X L, Yu G, et al. Heat and mass transfer in laser dissimilar welding of stainless steel and nickel[J]. Applied Surface Science, 2012, 258(15): 5914-5922.

[20] Wang Z D, Sun G F, Chen M Z, et al. Investigation of the underwater laser directed energy deposition technique for the on-site repair of HSLA-100 steel with excellent performance[J]. Additive Manufacturing, 2021, 39: 101884.

[21] Saleem M, Hossain M A, Mahmud S, et al. Entropy generation in Marangoni convection flow of heated fluid in an open ended cavity[J]. International Journal of Heat and Mass Transfer, 2011, 54(21/22): 4473-4484.

第 **3** 章

水下激光沉积再制造钛合金

钛及钛合金具有密度低、比强度高、抗冲击、耐蚀性能好等特性,在船舶、深海探测、海洋油气开发等海洋工程装备上得到大量的应用[1,2]。然而,钛合金结构件在海洋环境长期服役时,容易受到海洋腐蚀环境和压力环境的影响而产生表面缺陷,对钛合金结构件的服役性能产生显著的负面影响。利用水下激光沉积再制造技术对破损表面进行修复,可迅速恢复其服役性能。本章以典型钛合金 Ti-6Al-4V 为研究对象,采用水下激光沉积再制造技术对钛合金预制梯形槽缺陷进行原位修复,通过数值模拟和理论分析,阐明工艺-温度场-组织-力学性能之间的关联关系。借助水下激光沉积再制造的钛合金试样,通过简化实验条件,实施原位疲劳实验研究,定量描述疲劳裂纹萌生和扩展过程,丰富水下激光沉积再制造钛合金结构件疲劳断裂数据和疲劳断裂理论。

3.1 水下激光沉积再制造 Ti-6Al-4V 实验及温度历程分析

3.1.1 水下激光沉积再制造 Ti-6Al-4V 工艺实验

1. 实验参数选择

本实验采用尺寸为 150 mm × 100 mm × 10 mm 的 Ti-6Al-4V 钛合金板材作为基体,以 Ti-6Al-4V 粉末作为再制造材料进行实验,粉末形状为气雾化球形颗粒。Ti-6Al-4V 基体和粉末的元素成分见表 3-1。实验前利用线切割在钛合金基体上预先加工梯形槽,梯形槽尺寸如图 3-1(a)所示,用丙酮擦拭板材表面以去除油污等杂质。水下激光沉积再制造过程中激光与粉末作用示意图如图 3-1(b)所示。

表 3-1　Ti-6Al-4V 基体和粉末元素成分　　　　　　　　（单位：%）

元素	Al	V	Fe	O	C	N	H	Ti
Ti-6Al-4V 基体	6.10	3.97	0.186	0.111	0.027	0.013	0.0006	Bal.
Ti-6Al-4V 粉末	6.041	4.02	0.021	0.019	0.012	0.037	0.002	Bal.

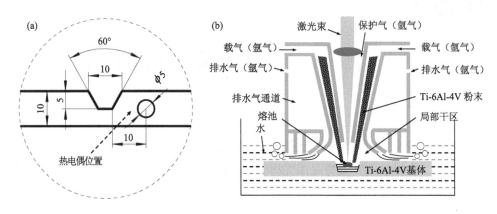

图 3-1　基体形状及水下加工过程

(a)钛合金基体预制梯形槽尺寸图(单位：mm)；(b)水下激光沉积再制造过程中激光与粉末作用示意图

图 3-2(a、b)所示为水下和陆上激光沉积再制造实验实施过程，实验水深为 60 mm。陆上激光沉积再制造实验在自制的保护气囊中进行，如图 3-2(d、e)所示。出激光前，通过重复抽真空–充氩气过程对保护气囊进行气体置换以充分降低气囊内空气含量。在两种环境下的实验过程中，保护气、送粉气、载气均使用高纯氩气(99.999%)。

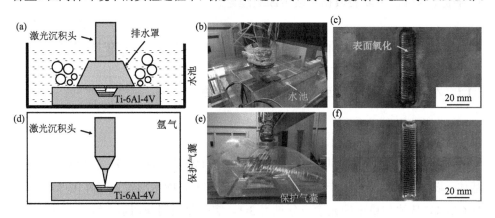

图 3-2　水下和陆上激光沉积再制造实验及试样形貌

(a)水下激光沉积再制造示意图；(b)水下激光沉积再制造现场图；(c)水下激光沉积再制造试样；
(d)陆上激光沉积再制造示意图；(e)陆上激光沉积再制造现场图；(f)陆上激光沉积再制造试样

水下和陆上激光沉积再制造 Ti-6Al-4V 工艺参数见表 3-2，所使用的激光光斑直径为 2 mm，粉末汇聚点和光斑汇聚点重合，离焦量为 0 mm，搭接率为 50%。z 轴增量为 0.65 mm，沉积层数为 8 层。水下和陆上激光沉积再制造 Ti-6Al-4V 的宏观形貌如图 3-2（c、f）所示，水下激光沉积再制造试样受水环境影响而氧化，表层呈深蓝色。陆上激光沉积再制造试样由于保护良好，仅出现轻微氧化，呈现淡黄色和轻微蓝色。

表 3-2　水下和陆上激光沉积再制造 Ti-6Al-4V 工艺参数

工艺	激光功率 /W	扫描速度 /(mm/min)	送粉速率 /(g/min)	送粉气流量 /(L/min)	保护气流量 /(L/min)	排水气流量 /(L/min)
水下激光沉积 再制造	1300	1000	5	12	8	200
陆上激光沉积 再制造	1300	1000	5	10	3	—

2. 内部缺陷检测

利用 Micro-CT 对 Ti-6Al-4V 的修复区进行计算机断层扫描及三维重建，结果如图 3-3 所示。图 3-3（a、c）显示沉积修复区内部没有裂纹或气孔。图 3-3（b、d）

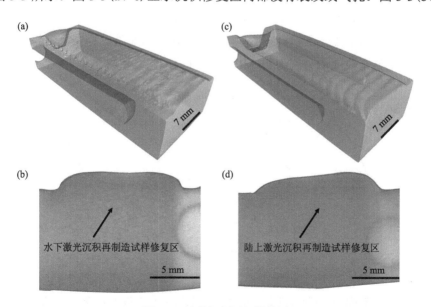

图 3-3　计算机断层扫描检测

(a) 水下激光沉积再制造试样修复区三维重建；(b) 水下激光沉积再制造试样修复区二维切片；(c) 陆上激光沉积再制造试样修复区三维重建；(d) 陆上激光沉积再制造试样修复区二维切片

显示,在梯形槽的边界处均形成了良好的冶金结合。应该注意的是,由于 Micro-CT 的分辨率大约为 80 μm,因此直径小于 80 μm 的气孔不能被 Micro-CT 检测到。有研究报道[3,4],沉积层内气孔的大小、形状、位置和体积分数能够显著影响沉积试样的疲劳性能。在本章的研究工作中,Micro-CT 的结果表明水下激光沉积再制造和陆上激光沉积再制造试样的孔隙率不会影响试样的疲劳性能。

3. 残余应力分析

为明确修复区表面附近的残余应力分布情况,采用 X-350A 型 X 射线应力仪和 $\sin^2\Psi$ 测量法对 Ti-6Al-4V 板材修复区附近的残余应力水平进行测试。测量参数为:Cr 靶 Kα 特征辐射,X 射线束直径为 2 mm,测试晶面为(220)面,管电压和管电流分别为 22 kV 和 6 mA,衍射角度为 138°~146°。

图 3-4 显示了水下激光沉积再制造和陆上激光沉积再制造试样中沿纵向和横向的残余应力分布情况。可见修复区具有较高水平的残余拉应力,残余压应力分布在远离中心线的地方,从而达到修复试样内部的应力平衡。如图 3-4(b)所示,水下激光沉积再制造试样中的横向残余应力值低于陆上激光沉积再制造试样的横向残余应力值,类似的结果在文献[5]中也有报道。在水下激光沉积再制造和陆上激光沉积再制造试样中,沿修复区纵向分布的平均残余拉应力分别为 258 MPa 和 412 MPa。在水下激光沉积再制造和陆上激光沉积再制造试样中,沿修复区横向分布的平均残余拉应力分别为 86 MPa 和 274 MPa。

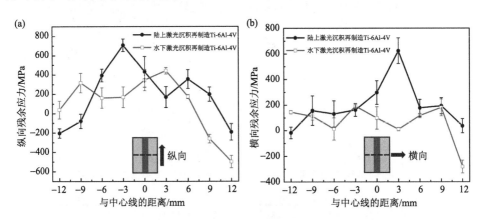

图 3-4 水下激光沉积再制造和陆上激光沉积再制造 Ti-6Al-4V 顶部表面的残余应力分布
(a)纵向残余应力;(b)横向残余应力。黑色虚线是测量线

3.1.2　水下激光沉积再制造 Ti-6Al-4V 温度场建模

1. 模型建立

图 3-5 是水下激光沉积再制造过程传热模型，由于水环境、激光束和金属粉末之间物理相互作用非常复杂，因此水下环境中实际沉积再制造过程的物理过程也相当复杂，将水下激光沉积再制造整个物理过程整合到一个数学模型中比较困难[6]。因此，为了使计算过程具有可操作性，需要对水下激光沉积再制造传热模型进行简化：①在水下激光沉积头的往复运动过程中，水对局部干区的影响可以忽略。修复区的散热主要通过排水罩内排水气的强制对流和辐射换热进行。②激光束被假定为具有高斯热量分布的体热源[7]。③模型中不考虑熔池蒸发和熔池金属液体流动。④在整个水下激光沉积再制造过程中，每层沉积层的设置高度始终保持不变。

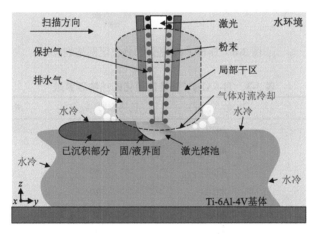

图 3-5　水下激光沉积再制造过程传热模型示意图

图 3-6 显示了 Ti-6Al-4V 板材的三维有限元网格划分情况，为了平衡计算精度和时间，修复区的网格尺寸比基体的网格尺寸要小得多。模型中修复区的单元尺寸设定为 0.5 mm（激光束直径 2 mm 的 1/4），以准确模拟熔池中的热循环过程，有限元模型网格由 305181 个 Solid70 六面体 8 节点单元和 225055 个节点组成。

在水下激光沉积再制造和陆上激光沉积再制造过程中，采用生死单元技术模拟钛合金粉末沉积过程。在激光沉积再制造之前，修复区的单元通过生死单元技术被暂设为失效状态。当激光束到达指定的位置时，该位置的单元通过生死单元技术被激活[8]。在整个沉积再制造过程重复使用生死单元技术，直到最后一层沉积再制造完成。表 3-3 中列出了 Ti-6Al-4V 随温度变化的热物理参数。模型计算使用 Intel（R）Xeon E5-2620 CPU（6 核，12 线程，2.40 GHz）工作站进行，温度场模拟的计算时间约为 80h。

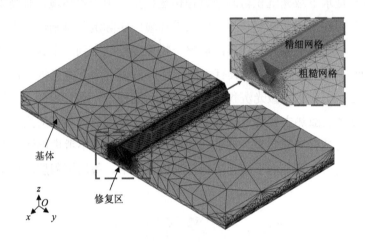

图 3-6　Ti-6Al-4V 基体和修复区网格划分

表 3-3　Ti-6Al-4V 随温度变化的热物理参数[8,9]

温度/℃	密度/(kg/m³)	比热容/[J/(kg·℃)]	热导率/[W/(m·℃)]
20	4420	550	7
100	4408	480	8
500	4350	650	13
800	4310	710	18
990	4310	750	23
1000	4310	640	19
1680	4180	750	30
1700	3850	400	40

2. 数学模型

控制方程：基于上述假设，有限元模型中的瞬时传热过程由三维热传导方程控制。基本控制方程可以用式(3-1)表示：

$$\frac{\partial}{\partial x}\left[k_x(T)\frac{\partial T}{\partial x}\right] + \frac{\partial}{\partial y}\left[k_y(T)\frac{\partial T}{\partial y}\right] + \frac{\partial}{\partial z}\left[k_z(T)\frac{\partial T}{\partial z}\right] + Q(x,y,z,t) = \rho(T)C_p(T)\frac{\partial T}{\partial t}$$

$$(3\text{-}1)$$

式中，$\rho(T)$ 为密度；$C_p(T)$ 为比热容；$k(T)$ 为热导率；Q 为体积热通量。

热源模型：在水下激光沉积再制造和陆上激光沉积再制造过程中，采用截锥形高斯热源来模拟激光热源，该激光热源模型可由式(3-2)给出[7]：

$$q(x,y,z) = \frac{9Q_0}{(\pi(1-\mathrm{e}^{-3})(z_e - z_i)(r_e^2 + r_e r_i + r_i^2))}\exp\left(-\frac{x^2 + y^2}{(r_0(z))^2}\right)$$

$$(3\text{-}2)$$

式中，Q_0 为净热通量，$Q_0 = \eta P$，P 为激光束功率，η 为激光吸收效率(约 0.38[7])；r_0 为热分布系数，可由式(3-3)给出：

$$r_0(z) = r_i + (r_e - r_i)\frac{z - z_i}{z_e - z_i}$$

$$(3\text{-}3)$$

式中，r_e 是截锥形激光束的最大半径；r_i 是最小半径；z_e 是 r_e 在 z 轴上的坐标；z_i 是 r_i 在 z 轴上的坐标。

初始条件和边界条件：对于水下激光沉积再制造过程的仿真，有限元模型的初始温度等于水温(20℃)。在沉积再制造过程中，热量损失主要通过三种方式进行，即水/气体造成的自然对流、金属外表面热辐射及热传导[10]。边界条件可由式(3-4)给出[11]：

$$k_n(T)\frac{\partial T}{\partial n} + q_s + h_c(T - T_\infty) + \varepsilon\sigma(T^4 - T_\infty^4) = 0$$

$$(3\text{-}4)$$

式中，q_s 为边界热通量，W/m^2；k_n 为热导率；ε 为发射率；σ 为斯特藩-玻尔兹曼常数；h_c 为对流传热系数，$W/(m^2 \cdot ℃)$；T 为基体表面温度；T_∞ 为环境温度，设为 20℃。在陆上激光沉积再制造三维模型中，气体对流传热系数 $h_{c\text{-air}}$ 被设定为 $10\ W/(m^2 \cdot ℃)$，水下对流传热系数 $h_{c\text{-water}}[W/(m^2 \cdot ℃)]$ 已在第 2 章中通过式(2-16)给出。

3. 温度场模型验证

图 3-7 比较了热电偶监测点的热循环曲线和数值仿真获取的热循环曲线，可见实验数据和仿真数据具有一定的相似性。图 3-7 显示陆上激光沉积再制造实验与仿真曲线具有一些差异，这些差异可能是由高温下 Ti-6Al-4V 的热物理参数不准确造成的。水下激光沉积再制造实验与仿真曲线的差异可能是由不准确的水自然对流参数和由排水气引起的气体强制对流参数造成的。尽管热循环曲线存在一

些差异, 本章所提出的数值模型仍然可以用来研究水下激光沉积再制造和陆上激光沉积再制造的温度历程。图 3-7 显示, 在陆上激光沉积再制造过程中, 基体上的监测点的温度增加到了 600℃。与之对应的是, 在整个水下激光沉积再制造过程中, 监测点的最高温度低于 300℃。由此可见, 水下激光沉积再制造引起的基体的温度上升比由陆上激光沉积再制造引起的温度上升要低, 这表明在水下激光沉积再制造过程中, 水引起了大量的散热。

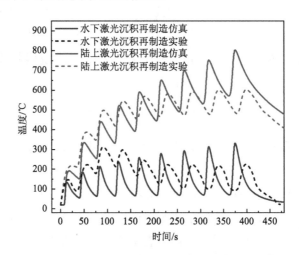

图 3-7　热电偶监测点热循环曲线和仿真监测点热循环曲线比较

4. 温度历程分析

图 3-8 所示为修复区第 8 层中心位置的温度场云图, 熔池区域为均匀颜色, 熔池外为色带颜色。图 3-8(a) 显示水下熔池外温度梯度较大, 且高温分布区域较为集中地分布在熔池周围; 而图 3-8(b) 显示陆上熔池高温分布区域较多, 熔池外温度梯度较小, 说明陆上激光沉积再制造试样热积累较多, 基体和已沉积区域温度较高。

为了明确 Ti-6Al-4V 多层修复过程中的热循环曲线, 利用仿真模型监测了第 1 层和第 4 层中心位置监测点的温度变化, 结果如图 3-9 所示。图 3-9(a) 显示激光重熔过程中的熔池具有最高的表面温度(2340℃), 这是因为激光重熔过程没有粉末被输送到熔池中, 激光传输的能量大部分被基体吸收, 造成基体熔池温度较高。图 3-9(a) 显示第 1 层的峰值温度(2016℃)低于激光重熔工艺的温度(2340℃)。同时, 水下和陆上激光沉积再制造过程中第 1 层的监测点的峰值温度相同。在进行后续 2~8 层沉积时，两种工艺监测点的温差越来越大。

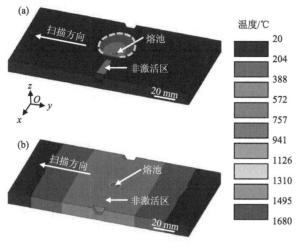

图 3-8　修复区第 8 层中心位置温度分布

(a)水下激光沉积再制造 Ti-6Al-4V；(b)陆上激光沉积再制造 Ti-6Al-4V

（扫码获取彩图）

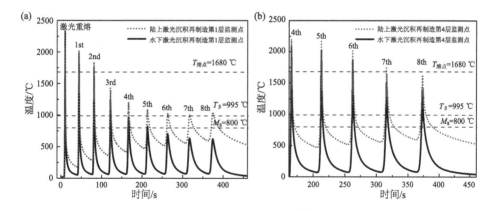

图 3-9　仿真模型监测点热循环曲线

(a)第 1 层监测点时间-温度曲线；(b)第 4 层监测点时间-温度曲线；T_β 代表钛合金 β 相转变温度；M_s 代表钛合金
马氏体转变起始温度

图 3-9(b)显示在第 5~8 层的沉积过程中，基体温度的上升导致陆上激光沉积
再制造试样第 4 层的监测点的重熔次数增加(虚线)，这主要归因于陆上激光沉积
再制造试样的熔池尺寸增加。同时，如图 3-9 所示，水下激光沉积再制造试样的
冷却速率比陆上激光沉积再制造试样的冷却速率高，在陆上激光沉积再制造过程
中，已沉积层的热量使得板材的温度上升到 500~600℃，这会显著降低冷却速率，

并导致熔池附近区域的热量积累。热量积累会进一步降低后续层的熔池内温度梯度。相比之下，对于水下激光沉积再制造试样，快速的散热导致在基体和已沉积的层中没有明显的热量积累，这使得整个沉积层和基体具有较快的冷却速率。

图 3-10 显示了每层中心位置熔池的深度、长度和长度/深度比（长深比）随着沉积层数的变化情况。在水下激光沉积和陆上激光沉积的过程中，熔池的长度和深度都在持续增加。然而，水下激光沉积试样熔池长度和深度的增长速率都小于陆上激光沉积试样熔池的增长速率，如图 3-10（a）所示。在陆上激光沉积再制造过程中，熔池长度的增长速率比熔池深度的增长速率大。此外，与水下激光沉积再制造试样中的最大熔池长度(3.35 mm)相比，陆上激光沉积再制造试样熔池的最大长度达到 4.88 mm。图 3-10(b)显示了从图 3-10(a)中得到的熔池长深比。在陆上激光沉积再制造过程中，长深比增长速率较快，这主要是由于陆上激光沉积再制造过程中具有大量的热量积累。

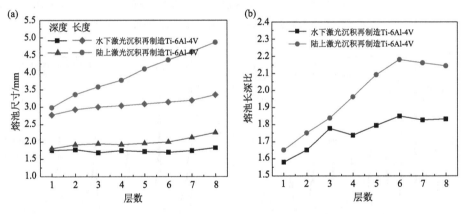

图 3-10　水下和陆上熔池尺寸演变历程

(a)熔池长度和深度；(b)熔池长深比

3.2　水下激光沉积再制造 Ti-6Al-4V 微观组织演变

3.2.1　水下激光沉积再制造 Ti-6Al-4V 微观组织表征

1. 金相组织

图 3-11 显示了水下激光沉积再制造和陆上激光沉积再制造 Ti-6Al-4V 的修复区和结合区的微观组织特征。对于激光沉积再制造 Ti-6Al-4V 合金而言，最有利

于 β 相生长的方向是<100>晶向，这是因为微观组织在快速凝固过程中通常沿着最大温度梯度生长（沉积方向）[12]，修复区中的初生 β 柱状晶具有与沉积方向平行的长轴。如图 3-11（a、c）所示，水下激光沉积再制造和陆上激光沉积再制造试样中初生 β 柱状晶的平均宽度分别为（244±91）μm 和（416±101）μm。图 3-11（b、d）显示结合区有一个较大的梯度组织结构，结合区的微观组织从修复区组织过渡到基体组织，呈现出明显的局部不均匀性。当结合区中的晶粒靠近修复区的熔合线时，晶粒的尺寸是最大的[图 3-11（b、d）]。此外，修复区中的初生 β 柱状晶组织从熔合线指向修复区的中心垂直生长。

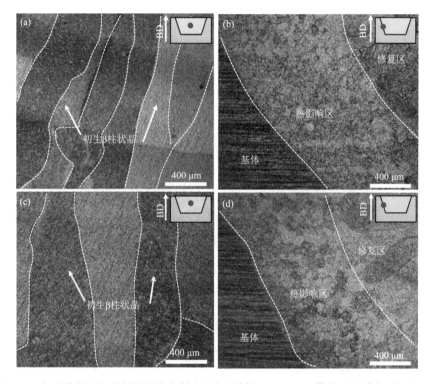

图 3-11　水下激光沉积再制造和陆上激光沉积再制造 Ti-6Al-4V 修复区和结合区组织对比
（a、b）水下激光沉积再制造 Ti-6Al-4V；（c、d）陆上激光沉积再制造 Ti-6Al-4V；BD 表示沉积方向

图 3-12 所示为水下激光沉积再制造和陆上激光沉积再制造 Ti-6Al-4V 修复区不同位置的微观组织的 SEM 图像。图 3-12（a）显示水下激光沉积再制造试样顶部区域的微观组织是针状 α′马氏体。图 3-12（b）显示修复区中部的组织具有板条形态，中部区域的针状 α′马氏体比顶部区域的组织要粗一些。这主要是沉积再制造

过程中的热循环造成的。图 3-12(c)显示水下激光沉积再制造试样热影响区中具有扭曲变形的板条状 α′马氏体。在水下激光沉积再制造过程中，超快的加热和冷却过程造成粗大的热影响区，热影响区由等轴的初生 β 组织和组织内扭曲的针状 α′马氏体组成。图 3-12(d)显示在陆上激光沉积再制造试样的顶部区域具有针状 α′马氏体和板条状 α 马氏体的共存的情况。值得注意的是，这两种类型的微观组织都未达到热力学平衡状态。图 3-12(e)显示先前沉积的组织结构在后续热循环的影响下进行了充分生长，板条状 α 宽度变得很大。图 3-12(f)表明，与水下激光沉积再制造试样的热影响区相比[图 3-12(c)]，陆上激光沉积再制造试样热影响区中的微观组织是较为平直的。

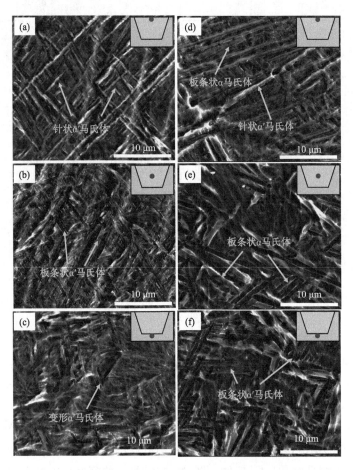

图 3-12　Ti-6Al-4V 修复区不同位置微观组织特征

(a~c)水下激光沉积再制造；(d~f)陆上激光沉积再制造

2. XRD 分析

图 3-13 所示为水下激光沉积再制造和陆上激光沉积再制造试样的 X 射线衍射(XRD)结果。由图 3-13(a)可知，水下激光沉积再制造和陆上激光沉积再制造试样具有几乎相似的 XRD 图谱，这是由于 α 和 α′相具有相同的密排六方(hcp)结构，α/α′相的主要衍射峰出现在同一位置。图 3-13(a)显示在陆上激光沉积再制造试样中可以发现一个非常微弱的 β-(110)衍射峰。相比之下，水下激光沉积再制造试样中的 β 相的体积分数太小而无法通过 XRD 检测到。图 3-13(b)显示，两个试样的 α′/α-(101)衍射峰的半峰全宽(full width at half maximum，FWHM)值是一样的，α′/α-(101)衍射峰是 α′/α 相的第一主强峰，它从水下激光沉积再制造试样的 40.65° 转移到陆上激光沉积再制造试样的 40.54°，根据布拉格定律 $2d_{hkl} \sin\theta = n\lambda$，晶面间的间距($d_{hkl}$)和晶格参数随着衍射角的减小而增加。这表明陆上激光沉积再制造过程中所涉及的内在热输入导致了更高程度的 α′到 α 的分解，这与 SEM 观察到的更大的热力学稳定的 α 板条是一致的[图 3-12(e)]。图 3-13(b)显示，陆上激光沉积再制造试样的 α′/α-(002)衍射峰(第二主强峰)的 FWHM 值(0.28°)明显小于水下激光沉积再制造试样(0.35°)。据研究报道，与晶格畸变相关的应变场的缓解可以在缩小 FWHM 方面发挥作用[13]。此外，图 3-13(b)显示，陆上激光沉积再制造试样的 hcp 晶格参数基面(a)和六方棱柱的高度(c)比水下激光沉积再制造试样的大。一般来说，V 元素的消耗会导致 α 相中具有较大的晶格参数 a 和 c 以及较大的 c/a 比率。

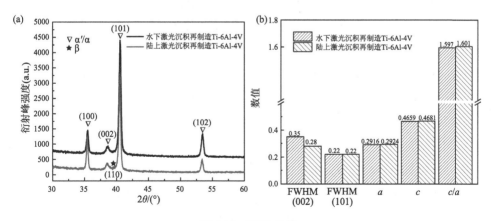

图 3-13　XRD 分析

(a)水下激光沉积再制造和陆上激光沉积再制造 Ti-6Al-4V 的 XRD 图谱；(b)α′/α-(002)和(101)衍射峰的 FWHM(单位为°)，hcp 晶格参数 a 和 c(单位为 nm)，以及 α′/α 相的 c/a 比率

3. EBSD 分析

图 3-14 比较了两种工艺制造的修复区中间区域的板条尺寸和微观组织的晶体学取向。水下激光沉积再制造获得的微观组织明显比陆上激光沉积再制造获得的微观组织更细，表明钛合金板条组织尺寸受沉积环境的影响很大。同时可以看到，水下激光沉积再制造试样和陆上激光沉积再制造试样的组织均呈现各向异性，没有明显的晶体取向选择。

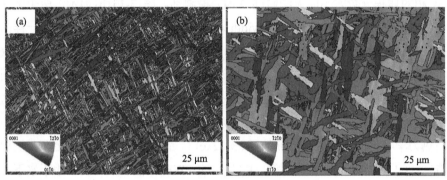

图 3-14　Ti-6Al-4V 反极图取向图
(a)水下激光沉积再制造；(b)陆上激光沉积再制造

(扫码获取彩图)

图 3-15 显示两种工艺下组织的高倍电子背散射衍射(EBSD)图像。可以看到，水下激光沉积再制造试样和陆上激光沉积再制造试样的组织均呈现各向异性。水下激光沉积再制造试样的组织较为细小，而陆上激光沉积再制造试样的组织较为粗大，这与 SEM 组织观察结果保持一致。需要特别指出的是，在图 3-12 中可以看到，多根平行的针状组织方向一致，长短不一，这些组织具有相同的晶体学取向，反映在图 3-15(a、d)中时，用同一种颜色代表方向一致的多根平行组织。因此，可以在图 3-15(a、d)中看到，一种颜色代表的一组组织尺寸远大于光学显微镜(OM)图像中统计的针状组织的宽度数据。图 3-15(b、e)显示 β 相在 α'/α 基体中的分布位置和体积分数。β 相由白色的圆圈表示。一些颗粒状的 β 颗粒沿着两个平行的板条状 α'/α 的界面或三个 α'/α 板的三叉晶界分布。水下激光沉积再制造试样中 β 相体积分数(0.02%)小于陆上激光沉积再制造试样的 β 相体积分数(0.3%)。图 3-15(c、f)显示 Ti-6A-4V 中的相变遵循经典的伯氏取向关系，其中 $[11\bar{2}0]_\alpha//[111]_\beta$ 和 $(0001)_\alpha//(110)_\beta$[14]。

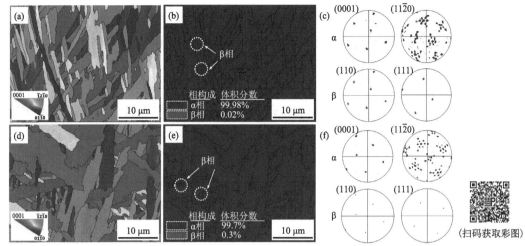

（扫码获取彩图）

图 3-15　高倍 EBSD 图像显示 Ti-6Al-4V 组织
(a) 水下激光沉积再制造试样反极图；(b) 水下激光沉积再制造试样 α/β 相图；(c) 水下激光沉积再制造试样极图；
（d）陆上激光沉积再制造试样反极图；(e) 陆上激光沉积再制造试样 α/β 相图；(f) 陆上激光沉积再制造试样极图

根据 EBSD 图像，统计两种工艺修复区组织的宽度和长度，结果如图 3-16 所示。水下激光沉积再制造和陆上激光沉积再制造试样的 Ti-6Al-4V 板条的平均

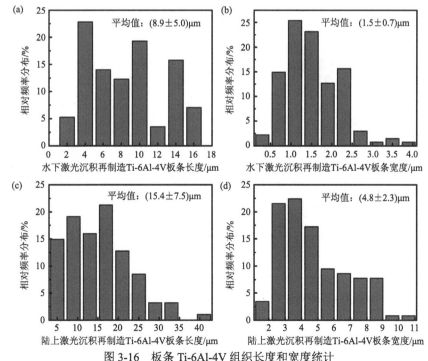

图 3-16　板条 Ti-6Al-4V 组织长度和宽度统计
（a、b）水下激光沉积再制造；（c、d）陆上激光沉积再制造

长度分别为(8.9±5.0)μm 和(15.4±7.5)μm，水下激光沉积再制造和陆上激光沉积再制造试样的 Ti-6Al-4V 板条的平均宽度分别为(1.5±0.7)μm 和(4.8±2.3)μm。

4. TEM 分析

图 3-17 所示为利用透射电子显微镜(TEM)对水下激光沉积再制造试样[图 3-17(a~d)]和陆上激光沉积再制造试样[图 3-17(e~g)]微观组织进行表征的结果。

图 3-17(a)显示由于水下激光沉积再制造过程中具有极高的冷却速率，形成了一些针状和片状马氏体。图 3-17(b)中的选区电子衍射(selected area electron diffraction，SAED)斑点进一步证实了 hcp 马氏体的存在。图 3-17(b、c)显示一些 β 薄膜分布在平行的 α′板条的界面上。图 3-17(c)所示的暗场 TEM 图像显示水下的 β 薄膜的厚度大约为48 nm，这比陆上激光沉积再制造试样的 β 薄膜[约335 nm，图 3-17(g)]细。图 3-17(d)显示 α′马氏体中具有典型的位错亚结构，TEM 图像显示[图 3-17(d)、(h)]，水下激光沉积再制造试样中的位错密度比陆上激光沉积再制造试样的位错密度高。

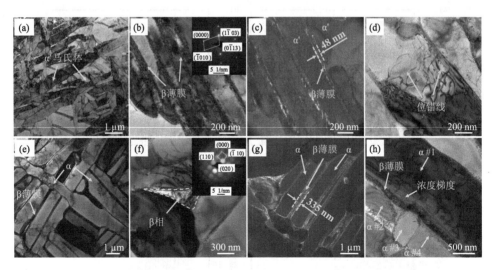

图 3-17　Ti-6Al-4V 显微组织 TEM 图像

(a、b、d)水下激光沉积再制造试样明场像；(c)水下激光沉积再制造试样暗场像；(e、f、h)陆上激光沉积再制造试样明场像；(g)陆上激光沉积再制造试样暗场像

　　图 3-17(e) 显示陆上激光沉积再制造试样中的 α 板条明显粗化，组织内具有较少的位错缺陷。图 3-17(f) 显示了一个典型的 β 相，它在三个 α 板条的三叉晶界处析出，选区电子衍射（SAED）进一步证实了 β 相的存在。然而，两个平行 α 板条中间的 β 薄膜不能被 SAED 图案所确认，这说明 α 板条中间的 β 薄膜仍处于初始阶段，远未达到图 3-17(f) 所示 β 相的平衡状态。图 3-17(h) 显示陆上激光沉积再制造试样中 α/β 薄膜界面处典型的梯度分布，这表明陆上激光沉积再制造过程中涉及的热力学和动力学有助于元素（V、Al 和 Fe）的扩散。同时，如图 3-17(h) 所示，一些等轴晶粒分布在陆上激光沉积再制造试样中，这可能是由本征热处理（intrinsic heat treatment，IHT）产生的足够的退火温度和时间造成的。值得注意的是，在水下激光沉积再制造试样中并没有观察到此种组织结构特征。

　　为了进一步研究沉积过程中 α′/α 界面的元素偏析行为，利用 STEM/EDS 分析了水下激光沉积再制造和陆上激光沉积再制造试样中各相的化学成分分布情况。水下激光沉积再制造和陆上激光沉积再制造试样的结果分别显示在图 3-18 和图 3-19 中。

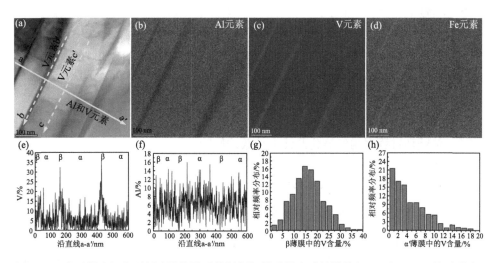

图 3-18　水下激光沉积再制造针状马氏体组织扫描透射电子显微镜(STEM)/EDS 面扫和线扫
(a)TEM 明场；(b~d)Al、V、Fe 元素分布图；(e、f)沿直线 a-a′线扫；(g)沿直线 b-b′(440 个点)的 V 元素分布统计；(h)沿直线 c-c′(470 个点)的 V 元素分布统计

　　STEM/EDS 图[图 3-18(a~d)]和线扫[图 3-18(e、f)]分别清楚揭示了 V(高达 35%)和 Fe 从 α′相到 β 薄膜的元素分配。此外，对 β 薄膜进行的 EDS 线扫分析呈现出 V 的大范围分布，如图 3-18(g) 所示。图 3-18(g) 清楚地表明，大部分 V 含

量分布在 10%~20%的范围内。图 3-18(h) 显示，α′马氏体中的 V 含量主要在 0%~10%的范围内。图 3-19 显示在陆上激光沉积再制造试样的粗大 β 薄膜中，V(含量高达 26%) 和 Fe 的元素分配非常明显。图 3-19(g) 显示 V 含量在粗 β 薄膜中的主要分布范围是 12.5%~22.5%。此外，α 板条中的 V 含量主要在 0%~6%，略小于 α′马氏体中的含量。

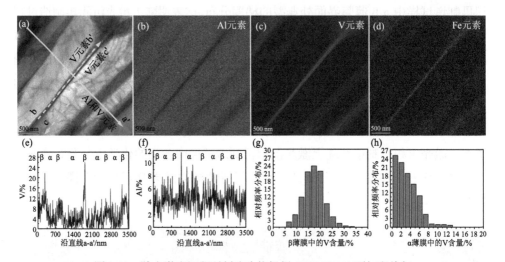

图 3-19　陆上激光沉积再制造片状组织 STEM/EDS 面扫和线扫

(a) TEM 明场；(b~d) Al、V、Fe 元素分布图；(e、f) 沿直线 a-a′线扫；(g) 沿直线 b-b′(400 个点) 的 V 元素分布统计；(h) 沿直线 c-c′(450 个点) 的 V 元素分布统计

3.2.2　热循环过程对组织演化及元素扩散的影响

1. 热循环差异对组织演化的影响

水下激光沉积再制造和陆上激光沉积再制造过程的热循环过程的关键区别在于水环境和排水气造成的快速散热[15]。沉积后的 Ti-6Al-4V 的相组成(α′/α/β) 和微观组织尺寸主要取决于两个过程：激光沉积再制造过程和随后的反复加热与冷却过程。下面列出了微观组织之间的主要差异，并在以下部分详细阐述水下激光沉积再制造和陆上激光沉积再制造试样中不同的微观组织形成/演变机制。

图 3-20 显示水下激光沉积再制造和陆上激光沉积再制造试样的微观组织有 4 个明显的差别，其中 α′马氏体和 α 相的形态分别用针状椭圆形和矩形表示。激光沉积再制造过程中的本征热处理程度分为微弱本征热处理和增强本征热处理[16]。

对两种工艺造成的微观组织的主要区别总结如下：①水下激光沉积再制造试样中 α′马氏体的数量比陆上激光沉积再制造试样中 α′马氏体的数量多。②水下激光沉积再制造试样中的 α′/α 板条的厚度明显小于陆上激光沉积再制造试样 α′/α 板条的厚度。③水下激光沉积再制造试样中的位错密度比陆上激光沉积再制造试样中的位错密度高。本征热处理促进了两个试样中的位错密度的下降。④水下激光沉积再制造试样中的 β 薄膜的宽度比陆上激光沉积再制造试样的 β 薄膜的宽度小。与水下激光沉积再制造试样相比，陆上激光沉积再制造试样中的 β 薄膜的增长更为显著。

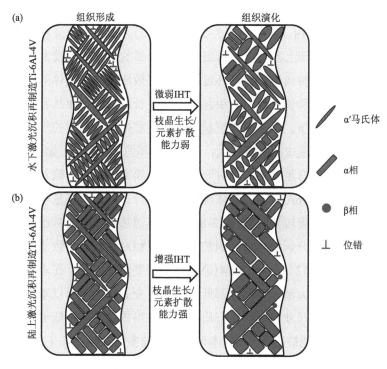

图 3-20　激光沉积过程中微观组织形成/演变示意图

(a)水下激光沉积再制造；(b)陆上激光沉积再制造

首先，根据文献[17]，当以超过 410℃/s 的冷却速率从高于马氏体转变起始温度(575~800℃)进行冷却时，将全部形成 α′马氏体[18]。冷却速率在 20~410℃/s 时，形成 α′和 α 相混合型微观组织。当冷却速率小于 20℃/s 时，可以全部形成 α 相。在本章中，影响 Ti-6Al-4V 相变的温度区间是 400~980℃[19]，根据第 1 层沉积过程中的第一个热循环[图 3-9(a)]，水下激光沉积再造制和陆上激光沉积再制造试样的冷却速率分别计算为 177.2℃/s 和 47.9℃/s。因此，水下激光沉积再制造期间极高的冷却速率有助于形成大量的 α′马氏体[图 3-12(a)]，而陆上激光沉积再制造期间的较低冷却速率导致了 α′和 α 混合组织的形成[图 3-12(a、d)]。从含量比例上看，水下激光沉积再制造试样中 α′马氏体的含量要高于陆上激光沉积再制造试样的 α′马氏体含量。

其次，已沉积的微观组织的形态和结构将在后续的热循环和热量积累过程中进一步发生改变。对于陆上激光沉积再制造试样，后续连续激光沉积过程在先前沉积层中产生周期性的热循环作用，热循环导致先前沉积层温度时而高于或低于β 相转变温度。同时，随着层数的增加，β 相的冷却速率也会下降。此外，表 3-3 显示在 20~990℃范围内，热导率为 7~23 W/(m·℃)，由于钛合金材料的热导率较小，传热效率不足，陆上激光沉积再制造试样内部的热量积累较大，如图 3-8(b) 和图 3-9(a)所示。这种典型的热循环过程可以有效地促进马氏体的转变，并导致α+β 层状组织的形成和长大，退火引起的晶粒生长可以通过亚晶界迁移和晶界汇合来实现[20]。相比之下，水下激光沉积再制造过程中具有强烈的气体对流和较大的水自然换热系数，造成散热量很大，如图 3-5 和图 3-9 所示。如图 3-8(a)所示，在连续层的沉积之间有足够的冷却时间，所以持续激光能量的输入不会导致水下激光沉积再制造的 Ti-6Al-4V 的整体温度显著上升。因此，热量积累明显较小，导致熔池周围温度梯度较为陡峭[图 3-8(a)]。虽然热循环会影响已沉积的微观组织，但针状 α′马氏体分解和微观组织的粗化程度相对较低，导致修复区保留了细小的 α′板条，如图 3-12(a)和图 3-14(a)所示。需要注意的是，在本章研究中，由于沉积材料的温度在大部分时间内都低于 β 相转变的温度，所以本征热处理并不影响初生 β 柱状晶的尺寸和形状。有研究指出，当热处理温度低于 β 相转变温度时，初生 β 柱状晶不能被改变[21,22]，本章的结果与参考文献[21]、[22]的结果一致。

最后，水下激光沉积熔池的快速凝固会导致 α′马氏体中形成大量的位错。此外，有人认为由快速的局部加热和冷却循环引起的非均匀膨胀和收缩可以引入大量的塑性应变和残余应力[23,24]。塑性应变和残余应力的容纳有助于位错的形成。相反，在陆上激光沉积再制造的早期阶段产生的初始位错密度比水下激光沉积再制造的早期阶段产生的初始位错密度低。此外，陆上激光沉积再制造修复区与高退火温度相关的动力学条件导致了先前形成的位错的移动和湮灭。因此，水下激光沉积再制造试样中的位错密度比陆上激光沉积再制造试样中的位错密度要高。

2. 热循环差异对元素扩散的影响

一般来说，增材制造 Ti-6Al-4V 的微观组织演变过程常伴随着 V、Al 和 Fe 元素的扩散[25]。STEM/EDS 结果(图 3-18 和图 3-19)表明，水下激光沉积再制造和陆上激光沉积再制造试样中的元素扩散行为有明显的不同。陆上激光沉积再制造试样的 β 薄膜中的 V 含量比水下激光沉积再制造试样的要高。此外，陆上激光沉积再制造试样中的 β 薄膜的宽度比陆上激光沉积再制造试样中的 β 薄膜的宽度要大。β 薄膜的生长过程是由 V 原子的扩散距离控制的，β 薄膜的形成和演变机制将在以下部分进行解释。

首先，在水下激光沉积再制造过程中，极高的冷却速率导致原子扩散不足，因此在初始 α′马氏体中并没有明显的 Al 或 V 原子的元素分布[26]。相比之下，较慢的冷却速率(47.9℃/s)导致在陆上激光沉积再制造期间形成 α′马氏体和扩散控制的 α 相。然而，在 α 相的形成过程中，由于固态相变的时间很短(β→α)，V 的扩散距离受到限制。需要注意的是，陆上激光沉积再制造试样和水下激光沉积再制造试样中，马氏体中 V 元素的扩散能力均较弱。

其次，先前已沉积的微观组织受到后续层的原位加热—冷却循环过程。在加热过程中,早期沉积的微观组织的温度在一定时间内反复上升到 β 相转变温度(约995℃)或 α+β 区域。加热过程有助于激活扩散过程，其结果是形成富含 V 的区域[27]。在热力学上，β 相中的 V 含量是由 β 相成核和生长的转化温度决定的。更高的温度会导致 β 相中的 V 含量更高。在 Ti-6Al-4V 的水下激光沉积再制造过程中，Al 和 V 扩散性元素分配与马氏体分解有关。在马氏体分解过程中，Al 逐渐偏析到 α′/α 层片中，而 V 被排斥到这些 α′/α 层片周围的 β 薄膜中[28]。因此，β 薄膜中富含 V 而贫乏 Al。扩散长度在很大程度上取决于水下激光沉积再制造和陆上激光沉积再制造的热循环[29]。热循环可能会使原子从 α′板条扩散到界面，扩散距离可以通过式(3-5)计算[30]：

$$x = \sqrt{Dt} \tag{3-5}$$

式中，x 为扩散距离；D 为扩散系数；t 为扩散(退火)时间。扩散系数 D 随热循环的温度而变化，扩散系数 $D(T)$ 是温度的函数，通常以阿伦尼乌斯(Arrhenius)形式表示为[30]

$$D(T) = A\exp\left(\frac{-Q}{RT}\right) \tag{3-6}$$

式中，A 为预指数值，约为 $1.6×10^{-4}\text{cm}^2/\text{s}$；$Q$ 为活化能，约为 123.9 kJ/mol；R 为通用气体常数，约为 8.314472 J/(mol·K)。

式(3-6)表明，扩散系数 $D(T)$ 随着温度的升高而增加，扩散距离 x 随着扩散系数 $D(T)$ 和扩散(退火)时间 t 的增加而增加。较高的本征热处理温度和较长的本征热处理时间都促进了扩散距离的增加，从而使陆上激光沉积再制造试样中的 β 薄膜明显变粗。

3.3 水下激光沉积再制造 Ti-6Al-4V 力学性能分析

3.3.1 水下激光沉积再制造 Ti-6Al-4V 力学性能表征

拉伸和冲击韧性测试试样的取样位置如图 3-21 所示。需要说明的是，钛合金拉伸试样和冲击试样的中间区域均由约 50%的基体区和约 50%的修复区构成。

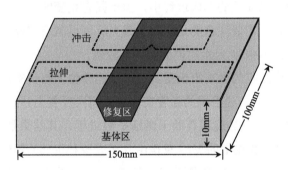

图 3-21　拉伸和冲击韧性测试试样的取样位置

拉伸实验和夏比冲击韧性(−40℃)实验的结果列于表 3-4，水下激光沉积再制造和陆上激光沉积再制造试样的屈服强度、抗拉强度和延伸率都比基体的小。水下激光沉积再制造试样的屈服强度比陆上激光沉积再制造试样的屈服强度小。对于水下激光沉积再制造试样，断裂发生在修复区和热影响区的界面区域，这造成了水下激光沉积再制造试样的过早失效和较低的屈服强度(848 MPa)。对于陆上激光沉积再制造试样，拉伸断裂发生在修复区，拉伸试样不同的失效位置与修复区的微观组织密切相关。此外，表 3-4 显示水下激光沉积再制造试样的夏比冲击韧性(14 J)比基体试样(16 J)略低，而陆上激光沉积再制造试样呈现出最高的夏比冲击韧性(21 J)，这主要归因于陆上激光沉积再制造试样中存在的退火态微观组织(α+β 薄膜)。

表 3-4　水下激光沉积再制造和陆上激光沉积再制造 Ti-6Al-4V 拉伸实验和夏比冲击韧性实验结果

试样	屈服强度/MPa	抗拉强度/MPa	延伸率/%	断裂位置	夏比冲击韧性/J
水下激光沉积再制造	848	1029	5.2	修复区/热影响区边界	14
陆上激光沉积再制造	1015	1059	5.1	修复区	21
基体	1046	1089	13.4	基体	16

图 3-22 显示了拉伸实验后的断裂试样。如图 3-22(a)所示，水下激光沉积再制造试样裂纹起源于热影响区，随后沿着热影响区和修复区的边界(梯形槽斜边)扩展，然后在基体上撕裂；陆上激光沉积再制造试样裂纹起源于修复区，然后从修复区撕裂到基体，这主要是由修复区和基体韧性不一致造成的。基体的断裂延展性最好，因此在断裂时，基体材料呈现较大的塑性变形。图 3-22(b)显示了三种试样的工程应力-应变曲线，基体在断裂前的塑性变形比水下激光沉积再制造和陆上激光沉积再制造试样的塑性变形大。

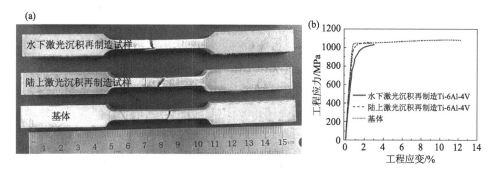

图 3-22　断裂拉伸试样及工程应力-应变曲线

(a)断裂的拉伸试样；(b)拉伸工程应力-应变曲线

图 3-23(a)显示水下激光沉积再制造试样的断裂面以穿晶解理断裂为主，图 3-23(b、c)显示基体不同区域的韧窝形态是不同的，当裂纹扩展到的位置在热影响区时，断裂表面呈现出延展性和脆性混合断裂，如图 3-23(b)所示。当裂纹继续扩展到基体时，由于基体的快速撕裂，形成了细长的韧窝，如图 3-23(c)所示。对于陆上激光沉积再制造试样[图 3-23(d、e)]而言，一些小尺寸气孔和韧窝分布

在断裂表面，表明陆上激光沉积再制造试样是韧性断裂的。此外，图 3-23(f) 显示基体的断裂面由许多韧窝组成，表明基体是完全韧性断裂的。

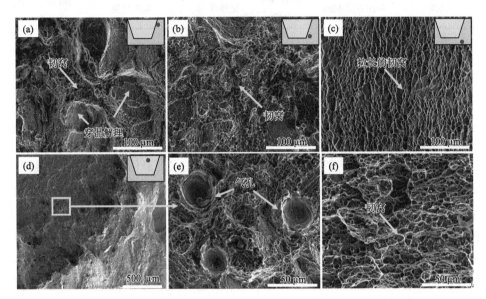

图 3-23 拉伸试样断裂表面

(a~c)水下激光沉积再制造试样；(d、e)陆上激光沉积再制造试样；(f)基体试样

图 3-24 显示了水下激光沉积再制造和陆上激光沉积再制造夏比冲击韧性试样的断裂表面特征。图 3-24(a) 显示水下激光沉积再制造修复区中有许多高度不规则的表面，分布有较多的凸起的山脊。与图 3-11(a、c)对比分析可知，这些山脊与初生 β 柱状晶的尺寸和形态密切相关。图 3-24(b) 显示大量的层片状组织结构分布在断裂表面，这是由裂纹在针状 α′ 马氏体中快速扩展和撕裂造成的。此外，图 3-24(b) 显示一些气孔分布在水下激光沉积再制造试样中。图 3-24(c) 显示在陆上激光沉积再制造试样中，裂纹的扩展路径在初生 β 柱状晶的边界之间交织。有研究指出[31]，初生 β 柱状晶的边界有利于发生晶间破坏，恶化钛合金的韧性和延展性。此外，图 3-24(c) 显示还有一些韧窝分布在断裂表面上，这表明裂纹扩展到了初生 β 柱状晶的内部。图 3-24(d) 显示陆上激光沉积再制造试样的断裂机制是典型的韧性断裂，主要是因为断裂表面由大量的等轴韧窝构成。

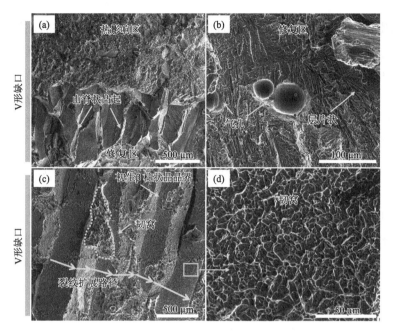

图 3-24 夏比冲击试样断裂表面 SEM 图像

(a、b)水下激光沉积再制造；(c、d)陆上激光沉积再制造

3.3.2 微观组织对力学性能的影响

1. 拉伸性能

图 3-22(a)显示，水下激光沉积再制造试样的断裂发生在修复区和热影响区的界面区域，而陆上激光沉积再制造试样在修复区处断裂。水下激光沉积再制造试样的断裂行为与界面区域的微观组织特征密切相关。水下激光沉积再制造试样的断裂行为可以由以下三个原因来解释：①水下激光沉积再制造试样的修复区具有较细的 α′马氏体和高初始位错密度[32]。α′马氏体中大量固溶的 V 元素起到了较大的固溶强化作用。水下激光沉积再制造修复区中的微观组织可能同时具有较高的屈服强度和较差的延展性。②热影响区的微观组织主要是由两个区域组成的[33]。一个靠近水下激光沉积再制造修复区，另一个靠近基体，如图 3-11(b)所示。与修复区相邻的区域的加热温度范围为 995(β 相转变温度)~1605℃(固相线温度)。该区域的微观组织由扭曲的针状 α′马氏体组成[图 3-12(c)]。与基体相邻区域的加热温度低于 β 相转变温度，但该区域经历的温度能够影响其微观组织，该区域

的微观组织由 α′马氏体、初级 α 和晶间 β 相组成[34]。③在拉伸实验期间，塑性变形先在基体部分开始，而不是修复区。具有梯度组织的热影响区是修复区和基体之间的过渡区域。在拉伸实验中，这三个区域的变形不协调，裂纹很容易在界面区域（热影响区）处形成。早期出现的裂纹削弱了水下激光沉积再制造试样的屈服强度，导致屈服强度相对较低（848 MPa）。热影响区上的界面小裂纹不断增长，迅速向基体扩展，最后导致试样断裂，塑性变形较小[图 3-22(b)]。

相比之下，对于陆上激光沉积再制造试样，α′马氏体转变为 α 和 β 薄膜，α 片层变得更厚。与水下激光沉积再制造修复区相比，陆上激光沉积再制造修复区的微观组织尺寸的增大导致该区域抗拉强度下降。此外，与水下激光沉积再制造试样相比，陆上激光沉积再制造试样的热影响区中的微观组织是正常分布的[图 3-12(f)]。在拉伸实验中，裂纹不易在热影响区产生，修复区成为最薄弱的地方，最终断裂发生在修复区[图 3-22(a)]。

2. 冲击韧性

图 3-25 显示了在不同的冲击韧性试样中，裂纹生长过程中的扩展行为。对于水下激光沉积再制造试样[图 3-25(a)]，裂纹在初生 β 柱状晶的晶界内扩展，这是典型的晶间断裂特征。当裂纹在初生 β 柱状晶晶界内扩展时，裂纹优先沿着针状 α′马氏体扩展，导致片状断裂形貌的形成[图 3-24(b)]。对于高应变率的冲击过程，裂纹可以快速通过正交分布的 α′马氏体，使冲击韧性相对较低（14 J）。对于陆上激光沉积再制造试样，裂纹不仅在初生 β 柱状晶晶界内扩展，而且还穿过初生 β 柱状晶的内部，如图 3-25(c)所示。当裂纹穿过初生 β 柱状晶时，裂纹的路径可以是平行于 α 板条的纵向方向，也可以穿过 α 板条，这是典型的穿晶断裂特征[35]。裂纹的扩展路径可以被相邻的不同方向的 α 柱状体频繁偏转，导致扩展路径更加曲折[36]。因此，对陆上激光沉积再制造试样来说，裂纹扩展过程会消耗更多的能量，有利于冲击韧性的提高（21 J）。对于基体试样来说，裂纹的扩展主要是在晶粒内部，如图 3-25(c)所示。由于晶粒尺寸小[平均直径为(7.2±2.6)μm]，将产生低的晶内粗糙度和较短的裂纹路径长度。基体内 α 组织对裂纹的扩展路径的阻碍作用远小于陆上激光沉积再制造试样中较长较厚的 α 层片团簇组织，这导致基体试样的冲击韧性（16 J）处于中间水平。

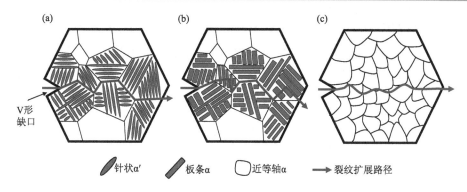

图 3-25　不同微观组织对裂纹扩展行为的影响示意图

(a)水下激光沉积再制造试样；(b)陆上激光沉积再制造试样；(c)基体试样

3.4　水下激光沉积再制造 Ti-6Al-4V 疲劳特性

3.4.1　水下激光沉积再制造 Ti-6Al-4V 疲劳实验过程

图 3-26(a)所示为用电火花线切割机从已沉积再制造的 Ti-6Al-4V 板的顶部切取疲劳试样。图 3-26(b)所示为疲劳试样预制 U 形缺口在 SEM 内的观察情况，利用 SEM 观察记录裂纹的萌生和扩展过程。图 3-26(c)所示为 SEM 原位疲劳实验的试样尺寸，其中单侧 U 形缺口宽度为 0.36 mm、深度为 0.5 mm。需要说明的是，疲劳试样上裂纹扩展的方向与沉积方向(z 轴)垂直。疲劳实验采用轴向力控制方

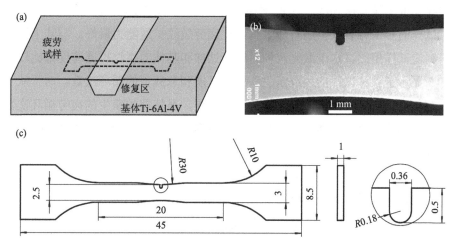

图 3-26　试样切割位置及尺寸图(单位：mm)

(a)Ti-6Al-4V 板材上的切割位置；(b)SEM 原位疲劳测试试样的 SEM 图像；(c)SEM 原位疲劳实验的试样尺寸图

法，最大载荷为 600 N（300 MPa），实验所用应力比为 R=0.2、频率为 f=10 Hz 的正弦波载荷，如图 3-27 所示。在整个 SEM 原位疲劳实验过程中，通过录像仪记录裂纹萌生和扩展的全过程。在 SEM 原位疲劳实验后，所有测试试样的断裂表面均采用扫描电子显微镜 SEM（FEI 3D）进行观察分析。

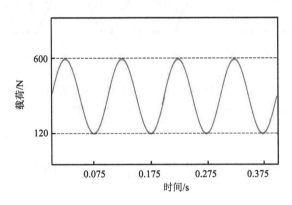

图 3-27　疲劳载荷正弦波加载曲线

3.4.2　水下激光沉积再制造 Ti-6Al-4V 疲劳行为分析

1. 短疲劳裂纹长度与循环次数的关系

图 3-28 显示了短疲劳裂纹长度 a 与循环次数 N 之间的关系，可以看出，短疲劳裂纹长度 a 随着循环次数 N 的增加而明显增加。图 3-28 显示，陆上激光沉积再制造试样的短疲劳裂纹扩展寿命最长，抗疲劳裂纹扩展能力最好。与陆上激光沉积再制造试样相比，水下激光沉积再制造试样和基体的裂纹扩展速度都比较快。表 3-5 显示了三种试样的裂纹萌生、裂纹扩展和总疲劳的循环次数。对于从水下激光沉积再制造 Ti-6Al-4V 上提取的平行试样，虽然裂纹萌生的疲劳循环次数不同，但总的疲劳循环次数几乎相同，这种现象在陆上激光沉积再制造 Ti-6Al-4V 提取的试样中也可以看到。此外，关于基体疲劳寿命的实验数据有一定程度的分散性。值得注意的是，当短疲劳裂纹在基体的缺口处开始出现时，基体中短疲劳裂纹的增长速度也较快。根据表 3-5，陆上激光沉积再制造试样的平均疲劳寿命约为水下激光沉积再制造试样和基体试样的 2.8 倍和 1.5 倍。

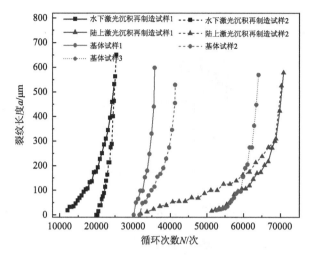

图 3-28　Ti-6Al-4V 短疲劳裂纹长度 a 与循环次数 N 的关系

表 3-5　水下激光沉积、陆上激光沉积、基体 Ti-6Al-4V 疲劳循环次数（单位：次）

试样编号	裂纹萌生循环次数	裂纹扩展循环次数	总疲劳循环次数
水下激光沉积再制造试样 1	12110	13200	25310
水下激光沉积再制造试样 2	19933	6000	25933
陆上激光沉积再制造试样 1	51325	20500	71825
陆上激光沉积再制造试样 2	31955	39230	71185
基体试样 1	30102	6004	36106
基体试样 2	31679	10399	42078
基体试样 3	52624	11880	64504

2. 短疲劳裂纹萌生与扩展行为

图 3-29 显示了水下激光沉积再制造试样 2 在疲劳实验期间的短疲劳裂纹的萌生和扩展行为。图 3-29(a)显示了由于局部应力集中，在 20833 次循环后，从 U 形槽根部开始出现了明显的微观裂纹形核。如图 3-29(b)所示，在 21733 次循环时，裂纹的扩展方向逐渐与加载轴成约 60°角，原因是这个方向呈现出相对较高的剪切应力。如图 3-29(c)所示，在 22333 次循环后，裂纹尖端明显地移向水下激光沉积再制造试样的中心线。如图 3-29(d)所示，当短疲劳裂纹快速扩展时，裂纹尖端开口位移增加。随后该裂纹在循环次数为 25933 次时迅速发生断裂。

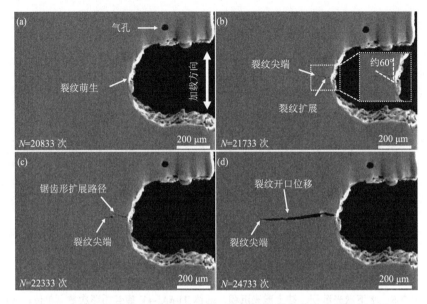

图 3-29　水下激光沉积再制造试样 2 的短疲劳裂纹的萌生和扩展行为

图 3-30 显示了陆上激光沉积再制造试样 2 在疲劳实验期间的短疲劳裂纹的萌生和扩展行为。图 3-30(a) 显示了循环次数为 44135 次时微观裂纹的形态，在此循环次数附近时裂纹开始萌生。如图 3-30(b) 所示，在循环次数为 54575 次之前，

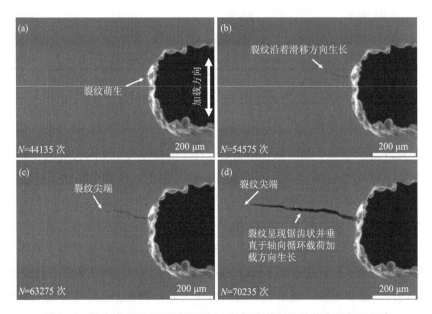

图 3-30　陆上激光沉积再制造试样 2 的短疲劳裂纹的萌生和扩展行为

裂纹扩展速率较为缓慢。随后,随着循环次数的增加,裂纹稳定地、曲折地扩展,直到循环次数为 63275 次,如图 3-30(c)所示。在循环次数为 70235 次时,裂纹的增长速度变得越来越快,如图 3-30(d)所示。最后,陆上激光沉积再制造试样 2 在循环次数为 71185 次时失效。与水下激光沉积再制造试样 2 相比,陆上激光沉积再制造试样 2 的裂纹扩展的方向逐渐偏转于轴向循环载荷加载方向。

图 3-31 显示了基体试样 3 在疲劳实验期间的短疲劳裂纹的萌生和扩展行为。当疲劳循环次数达到 52624 次时,两条微观裂纹 1 和裂纹 2 开始在 U 形槽根部出现,如图 3-31(a)所示。这两条微观裂纹同时在槽口处启动,说明在疲劳循环时在两个位置产生了的裂纹启动。如图 3-31(b)所示,当疲劳循环次数达到 59224 次时,微观裂纹 2 继续增长,发展成为主裂纹。同时,微观裂纹 1 缓慢增长,逐渐稳定并最终闭合不再生长。如图 3-31(c)所示,随着循环次数的增加,主裂纹 2 快速扩展。如图 3-31(d)所示,当疲劳循环次数为 64024 次时,主裂纹 2 迅速撕开基体试样。主裂纹 2 的扩展路径近似垂直于轴向循环载荷加载方向,基体试样发生断裂的循环次数为 64504 次。

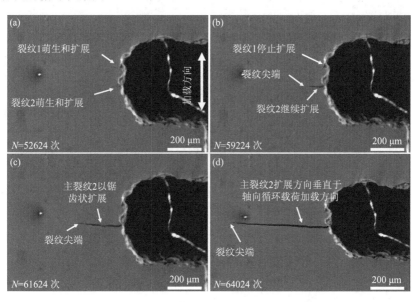

图 3-31　基体试样 3 的短疲劳裂纹的萌生和扩展行为

3. 短疲劳试样断裂表面 SEM 观察

图 3-32 显示了水下激光沉积再制造试样 2 断裂表面的 SEM 图像,包括裂纹

萌生、裂纹扩展和最终断裂区。图 3-32(a) 显示了垂直于加载轴的短疲劳裂纹的起始和扩展区。如图 3-32(b) 所示，通过高倍镜观察，进一步确认了微观裂纹的起始点在 U 形槽的中间。同时，几乎平坦的断裂表面表明，在裂纹扩展过程中出现穿晶断裂，这是因为细小的 α' 马氏体在试样内部具有不同方向的分布[37]，当裂纹在水下激光沉积再制造试样中扩展时，裂纹可以直接穿过 α' 马氏体，形成穿晶断裂。图 3-32(c) 显示，在断裂表面的中下部有一些类似阶梯的形貌，这是由多条裂纹在不同的平面上扩展造成的。此外，二次裂纹也分布在断裂表面的中间区域，二次裂纹可能会消耗更多的能量，导致短疲劳裂纹扩展阻力的增加。图 3-32(d) 显示，大量的韧窝和少数几个气孔分布在最终断裂区的表面上。当短疲劳裂纹扩展到试样的边缘时，在剪切力的作用下，较容易形成剪切唇，剪切唇的方向一般与施加的载荷方向成 45°角。

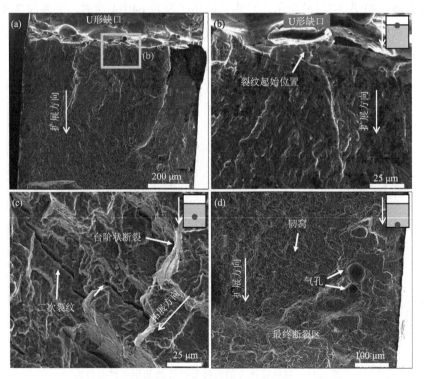

图 3-32   SEM 图像显示水下激光沉积再制造试样 2 在不同放大倍数下的疲劳断裂表面

图 3-33 显示了陆上激光沉积再制造试样 2 断裂表面的 SEM 图像。图 3-33(a) 显示了断裂表面上的短疲劳裂纹萌生的位置和扩展方向。如图 3-33(b) 所示，早

期阶段的断裂表面由许多断裂的局部 α 团簇组成，断裂表面还呈现出明显的 α 板条台阶，这表明短疲劳断裂表面的状态受到陆上激光沉积再制造试样局部微观组织的显著影响。由于断裂的局部 α 团簇的出现，短疲劳裂纹呈现出穿晶断裂的特征。此外，与水下激光沉积再制造试样相比，陆上激光沉积再制造试样的断裂表面呈现出曲折的表面，这一现象与陆上激光沉积再制造试样短疲劳裂纹缓慢的增长速度一致(图 3-28)。需要指出的是，在图 3-33(b)中形成曲折表面的主要原因是，裂纹在试样内部不同深度的网篮状组织中进行扩展。图 3-33(c)显示了另一条裂纹的萌生和扩展情况，可见 U 形缺口在疲劳实验期间发生断裂，这可能是线切割导致缺口附近显微组织较脆，在疲劳加载过程中萌生裂纹。图 3-33(d)显示，陆上激光沉积再制造试样 2 的最终断裂区由大量的韧窝组成，这些韧窝是在疲劳试样的快速撕裂过程中形成的。

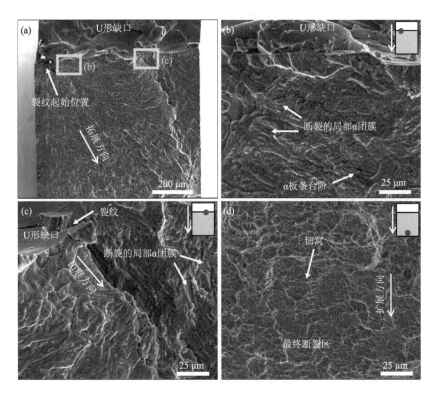

图 3-33　SEM 图像显示陆上激光沉积再制造试样 2 在不同放大倍数下的疲劳断裂表面

　　图 3-34 显示了基体试样 3 的断裂表面的 SEM 图像。图 3-34(a)显示，在 U 形槽根部有两条微观裂纹同时出现。两条裂纹都向基体扩展，两条裂纹的不同断

层平面形成了中间的沟壑，如图 3-34(b) 所示。图 3-34(c) 中显示了裂纹萌生位置 1 的高倍放大图，可以看出断裂表面呈波浪状，基体试样的 α 晶粒的晶界难以分辨。基体 α 晶粒的断裂形态表明，基体的微观组织在裂纹扩展过程中发生了穿晶断裂，断裂表面的穿晶断裂特征可以解释为微观裂纹在 α 晶粒中的萌生和在后续晶粒中的连续扩展[38]。

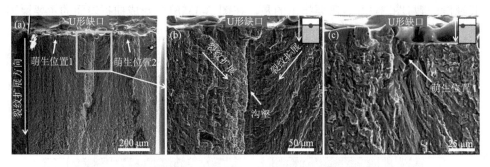

图 3-34　SEM 图像显示基体试样 3 在不同放大倍数下疲劳断裂表面

4. 短疲劳裂纹扩展速率

使用正割法计算短疲劳裂纹扩展速率，正割法是计算图 3-28 中的 a-N 曲线上两个相邻数据点的线性斜率 (da/dN)[39]。本节主要计算水下激光沉积再制造试样 2、陆上激光沉积再制造试样 2 和基体试样 3 的短疲劳裂纹扩展速率。正割法计算过程可以由式 (3-7) 给出：

$$\left(\frac{\mathrm{d}a}{\mathrm{d}N}\right)_i = \frac{a_{i+1} - a_i}{N_{i+1} - N_i} \tag{3-7}$$

对于具有有限宽度的单边缺口板状试样，应力强度因子范围 ΔK 由式 (3-8) 给出[40]：

$$\Delta K = \Delta\sigma\sqrt{\pi(a+b)}F\left(\frac{a}{W}\right) \tag{3-8}$$

式中，$\Delta\sigma$ 为应力范围；b 为单边缺口深度；a 为短疲劳裂纹的长度；W 为试样的宽度。设 $\xi = a/W$，公式 $F(\xi)$ 由式 (3-9) 表示[41]：

$$F(\xi) = 0.265(1-\xi)^4 + (0.875 + 0.265\xi)(1-\xi)^{\frac{-3}{2}} \tag{3-9}$$

根据式 (3-7)~式 (3-9) 进行计算，结果如图 3-35 所示。可以看出，水下激光沉积再制造试样 2 比其他试样具有最快的短疲劳裂纹扩展速率。陆上激光沉积再制造试样 2 呈现出最低的短疲劳裂纹扩展速率。如图 3-35 所示，陆上激光沉积再制造试样 2 在最终断裂前的应力强度因子范围ΔK 是最小的。此外，需要指出的是，所有试样的短疲劳裂纹扩展速率曲线普遍呈现明显的波动，这种现象与长疲劳裂纹扩展行为不同。

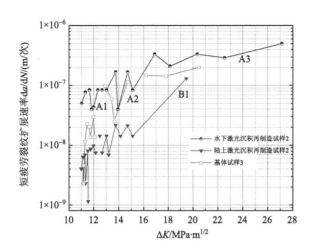

图 3-35　短疲劳裂纹扩展速率 da/dN 与应力强度因子范围ΔK 关系曲线

A1、A2、A3、B1 对应图 3-38 中裂纹扩展到的位置

3.4.3　组织、缺陷及残余应力对短疲劳裂纹萌生和扩展的影响机制

1. 组织对短疲劳裂纹萌生过程的影响

在高周疲劳循环体系中，短疲劳裂纹的萌生阶段主导着整个疲劳寿命。短疲劳裂纹萌生位置对缺陷很敏感，如各种尺寸和形状的孔隙和夹杂物[42,43]。由于受到高应力集中的影响，孔隙的存在不利于提升水下激光沉积再制造成形件的抗疲劳裂纹性能。在没有孔隙和夹杂物的情况下，金属材料中显微裂纹的产生通常借助于滑移带的滑移行为[44]。Micro-CT 结果（图 3-3）显示，水下激光沉积再制造和陆上激光沉积再制造 Ti-6Al-4V 的修复区中的孔隙体积比例非常低。在此种情况下，可以认为孔隙在沉积再制造试样的疲劳失效中没有起到作用。因此，疲劳裂纹的主要产生机制是通过在微观组织产生滑移带进行的。显微裂纹萌生过程所需要的时间（循环次数）与微观组织结构的不同滑移行为有关。

在分析疲劳裂纹的萌生机制之前，首先对水下激光沉积再制造和陆上激光沉积再制造过程中的微观组织形成和演变机制进行归纳。在水下激光沉积再制造过程中，较快的冷却速率和较低的热量积累导致了具有针状形态的 α′马氏体的形成[图 3-36(c)][37]。相比之下，缓慢的冷却速率、强烈的本征热处理以及陆上激光沉积再制造过程中大量的热量积累有助于 α′马氏体的形成以及随后 α′马氏体分解为网篮状的 α+β[图 3-36(f)]。与水下激光沉积再制造试样中的微观组织相比，由于陆上激光沉积再制造过程中涉及显著的循环热载荷，陆上激光沉积再制造试样的微观组织经历了相对充分的生长而更加趋向于平衡态。此外，与水下激光沉积再制造试样相比，陆上激光沉积再制造试样的位错密度下降，α 相中钒的固溶度下降。因此，在陆上激光沉积再制造试样中，位错强化和固溶强化效果较弱。

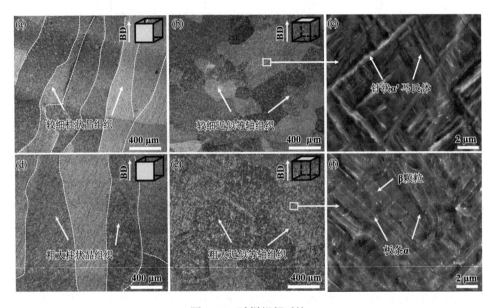

图 3-36   试样组织对比

(a)水下激光沉积再制造试样横截面微观组织；(b)水下激光沉积再制造试样平面微观组织；(c)SEM 图像显示水下激光沉积再制造试样微观组织；(d)陆上激光沉积再制造试样横截面微观组织；(e)陆上激光沉积再制造试样平面微观组织；(f)SEM 图像显示陆上激光沉积再制造试样微观组织；BD 表示沉积方向

对于水下激光沉积再制造试样，从各向异性的晶格应变发展的方面来看，α′马氏体的变形最有可能通过基面滑移来实现[45]。一般认为基面滑移和棱柱滑移系统的裂纹形成机制不同，它们主要取决于加载条件[46]。对于基面滑移，所有的位错都在同一个滑移面上滑行，减少了加工硬化的趋势。此外，在从 β 相到 α′马氏体的快速固态相变过程中，没有发生强烈的变异选择(图 3-14)[47]。两个相邻的马氏体板条,其平行排列的概率仅为 8.3%。这表明两个相邻的板条共享同一基面的概率只有 8.3%[48]。这意味着 α′马氏体之间滑移的传递比较困难,滑移带的长度受限制于板条的尺寸。在本章的拉-拉疲劳实验中,位错在细小晶粒中迅速堆积。同时,α′马氏体中预先存在的高密度位错在疲劳实验中也起到了阻碍作用,导致位错的进一步积累。滑移系的缺乏导致了 α′板边界的位错积累,从而引起了强烈的应力集中效应[49]。这种疲劳应力与相邻晶粒中的位错堆积引起的拉应力相结合,超过了基面的断裂强度,最终滑移引发显微裂纹。

对于陆上激光沉积再制造试样而言,显微裂纹发生在两相组织内[片状 α+β,图 3-36(f)]。hcp α 相和 bcc β 相具有如下伯氏方向关系:$(110)_β//(0002)_α$ 和 $<1\bar{1}1>_β//<11\bar{2}0>_α$。有研究指出[50],从 α 相到 β 相再到 α 相的滑移传递比较容易进行,局部的团簇组织(片状 α+β)可以被视为一个整体。在拉-拉疲劳实验中,基面滑移和棱柱滑移都可以在 α 相中被激活,因为基面滑移和棱柱滑移的临界剪切应力的比率更接近于 1[51]。一般来说,基于 Tanaka-Mura 模型的滑移带上的位错积累和由此产生的粗化机制导致组织晶体结构的棱柱面形成裂纹[52]。位错密度的增加是快速的,因为 α 相能够激活多种滑移模式。此外,由于微观组织的尺寸相对较大[$(0.61\pm0.12)\,\mu m$],α 相中的滑移长度也相对较大。片状 α+β 对位错运动的抵抗力比针状 α′马氏体中的抵抗力要好。因此,如图 3-28 所示,陆上激光沉积再制造试样对显微裂纹成核的抵抗力要好于水下激光沉积再制造试样。

对于基体来说,板材组织为沿轧制方向拉长的 α 组织。有研究指出,由于基面滑移和棱柱滑移面都有很高的 Schmid 因子,所以疲劳裂纹可以在 α 晶粒中快速启动[46]。α 晶粒中的基面裂纹的形成是高拉应力和高 Schmid 因子共同作用的结果。棱柱面上裂纹的启动是由表面粗化机制造成的。基体的平均晶粒尺寸为 $(7.2\pm2.6)\,\mu m$。与水下激光沉积再制造试样相比,大的晶粒尺寸可以容纳更多的位错,增加了短疲劳裂纹成核的阻力。与陆上激光沉积再制造试样相比,位错的积累和滑移可以在细长的晶粒中迅速发生。因此,基体的显微裂纹起始阶段的平均时间介于水下激光沉积再制造试样和陆上激光沉积再制造试样之间。

2. 组织特征及残余应力对短疲劳裂纹扩展的影响机制

短疲劳裂纹的扩展行为受到微观组织的强烈影响,因为短疲劳裂纹尖端的塑性区域的尺寸小于初生 β 柱状晶尺寸[53]。在 Ti-6Al-4V 中,α′/α 的形态和结构是影响短疲劳裂纹扩展行为的关键因素。此外,短疲劳裂纹扩展行为还受到残余应力分布的影响[54]。

1) 组织对短疲劳裂纹扩展过程的影响

水下激光沉积再制造试样中短疲劳裂纹扩展主要受针状 α′马氏体的影响。图 3-28 和图 3-29 显示，由于针状 α′马氏体的存在，水下激光沉积再制造试样具有较快的短疲劳裂纹扩展速率。由于修复区的高屈服强度和针状 α′马氏体的脆性，在疲劳实验期间，裂纹尖端的塑性变形被抑制。当裂纹尖端到达细晶粒时，晶粒中形成位错，发生基面滑移，这将加速裂纹的扩展速度。裂纹直接穿透针状 α′马氏体，没有太多的阻力，导致了较高的短疲劳裂纹扩展速率。此外，如图 3-37(a) 所示，在裂纹扩展阶段，裂纹尖端不改变方向，断裂的水下激光沉积再制造试样 2 的边缘是平直的。

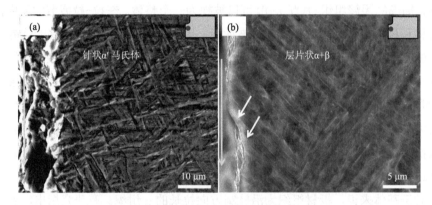

图 3-37　短疲劳裂纹与微观组织的相互作用

(a) 水下激光沉积再制造试样 2；(b) 陆上激光沉积再制造试样 2；箭头表示裂纹扩展的路线

针状 α′马氏体和 α 板条之间的微观组织特征和性能的差异导致了水下激光沉积再制造试样和陆上激光沉积再制造试样之间短疲劳裂纹扩展行为的差异。图 3-37(b) 显示，陆上激光沉积再制造试样 2 的断裂边缘类似于水下激光沉积再制造试样的断裂边缘[图 3-37(a)]。从图 3-37(b) 可以看出，裂纹有时会在与板条平行的方向上稍微弯曲，然后继续增长。图 3-33(b) 表明，陆上激光沉积再制造试样的裂纹扩展行为对 α 板条很敏感。如前文所述，陆上激光沉积再制造过程中大量的热量积累产生了层片状 α+β 微观组织，平均片层厚度为 $(0.61\pm0.12)\mu m$。与针状 α′马氏体相比，网篮状 α 的粗糙度引起裂纹闭合，且其微观组织具有更高的抗裂纹扩展能力。此外，Lütjering 和 Williams[55]指出，团簇的晶界能够有效抑制短疲劳裂纹的穿越和继续扩展。可以推断，由于裂纹闭合度和裂纹粗糙度的增加，

具有较大尺寸的 α 团簇有助于通过抵抗显微裂纹的扩展来提高疲劳强度[55,56]。α
团簇可以改变短疲劳裂纹的扩展方向，有研究指出[57]，α+β 片状组织中的裂纹路
径显示，平面裂纹既可以平行于 α 团簇内的条状组织进行扩展，又可以直接切割
α 团簇内的条状组织进行扩展。虽然本实验中局部 α 团簇的尺寸相对较小，但小
的局部 α 团簇在一定程度上能抑制短疲劳裂纹的扩展。陆上激光沉积再制造试样
短疲劳裂纹扩展速率低的另一个原因是试样延展性高、硬度低。这一点可以通过
硬度测量和拉伸实验的结果得以验证。裂纹尖端前面的延展性较好，在裂纹扩展
过程中，可能会形成更大的塑性变形区和更多的能量吸收，这有助于降低短疲劳
裂纹扩展速率[58]。

对于基体，α 晶粒对短疲劳裂纹的扩展呈现出有限的阻力。在室温下，晶粒
内部对短疲劳裂纹扩展的阻力显著低于晶界对短疲劳裂纹扩展的阻力[59]。因此，
α 晶粒优先通过晶粒内的滑移变形产生微裂纹，主要的变形机制为穿晶断裂，如
图 3-34(c) 所示。在早期阶段，短疲劳裂纹扩展是相对缓慢的，两条疲劳裂纹缓
慢地穿透 α 晶粒，导致平坦断裂表面的形成[图 3-34(a)]。当应力强度因子范围
$\Delta K > 12$ MPa·m$^{1/2}$ 时(对应于裂纹长度 a=95 μm)，疲劳裂纹扩展速率加快，此时疲
劳裂纹扩展行为可能不受微观组织的影响，而是受基体材料固有特性的影响。

2)残余应力对短疲劳裂纹扩展的影响

有研究指出，残余应力的分布和大小会影响短疲劳裂纹的扩展行为[54]。残余
应力对短疲劳裂纹扩展速率的影响可以用残余应力强度因子 K_{res} 表示。沉积再制
造试样中残余应力的存在会影响疲劳载荷应力比 R 的数值，在考虑残余应力情况
下，有效疲劳载荷应力比 R_{eff}[60]为

$$R_{eff} = \frac{K_{min} + K_{res}}{K_{max} + K_{res}} \tag{3-10}$$

式中，K_{min} 和 K_{max} 为最小和最大的应力强化系数。正的 K_{res} 会增加 R_{eff}，进而增
加短疲劳裂纹扩展速率；而负的 K_{res} 会减小 R_{eff}，进而降低短疲劳裂纹扩展速率。
根据式(3-10)，在疲劳循环加载过程中，修复区的残余拉应力将加速短疲劳裂纹
扩展速率，残余拉应力会在裂纹尖端附近造成更高的应力集中[61]。

当沉积的试样受到循环载荷时，残余应力的稳定性可能会发生变化。有研究
指出，残余应力被释放与否可由式(3-11)给出[62]：

$$\sigma^p + \sigma_{res} \geqslant \sigma_Y \tag{3-11}$$

式中，σ^p 为施加的疲劳载荷；σ_{res} 为残余应力；σ_Y 为 Ti-6Al-4V 的屈服强度。在本

节中，施加的疲劳载荷是 300 MPa。对激光沉积修复区拉伸性能进行性能测定（不含基体区域），实验结果得出水下激光沉积再制造和陆上激光沉积再制造试样的屈服强度分别为（894±22）MPa 和（826±36）MPa。本节中，施加的疲劳应力是 300 MPa，综合考虑图 3-4 所得平均残余拉应力水平，可知疲劳应力和残余拉应力总和低于试样屈服强度，因此，在给定的疲劳应力下，残余应力不会被释放。

沿着横向的残余拉应力与加载轴平行[图 3-4(b)]，在水下激光沉积再制造和陆上激光沉积再制造试样中，沿修复区横向方向的平均残余拉应力分别为 86 MPa 和 274 MPa，一般会认为陆上激光沉积再制造试样的残余拉应力对短疲劳裂纹扩展速率的加速作用要比水下激光沉积再制造试样的强。事实上，陆上激光沉积再制造试样的短疲劳裂纹扩展速率要比水下激光沉积再制造试样的慢得多（图 3-28）。这表明，与微观组织特征的影响相比，残余拉应力对短疲劳裂纹扩展行为的影响并不明显。

有研究[63,64]指出，缺陷、残余应力和微观组织会影响激光沉积再制造的 Ti-6Al-4V 的结构完整性和疲劳性能。有关于激光沉积再制造的 Ti-6Al-4V 的疲劳性能的研究指出[65]，一般来说，很难将上述三个影响因素进行解耦，因此较难厘清影响的主次关系。Micro-CT 结果（图 3-3）表明，修复试样中孔隙率极低，因而疲劳性能不受孔隙等缺陷的影响。同时，与微观组织相比，残余应力的作用较小。因此可以推断，微观组织在决定水下激光沉积再制造 Ti-6Al-4V 的疲劳性能方面起着主导作用。

3. 晶界对短疲劳裂纹偏转行为的影响

图 3-35 显示所有试样的短疲劳裂纹扩展速率曲线都有明显的波动，短疲劳裂纹扩展速率曲线的波动不仅受晶粒内部组织的影响，同时也受晶界的影响，需要讨论晶界对短疲劳裂纹扩展速率的影响。

对于水下激光沉积再制造试样而言，在短疲劳裂纹扩展速率曲线上有两个明显的下降[图 3-35(a)中被标记为 A1 和 A2]。我们发现水下激光沉积再制造试样 2 中的初生 β 柱状晶晶界导致了裂纹扩展速率的下降[图 3-38(a)中标为 A1 和 A2]。有研究指出，短疲劳裂纹扩展速率曲线的下降一般与晶界的阻碍作用有关[40]。此外，短疲劳裂纹在通过晶界 A1 后改变了它的方向[图 3-38(a)]。如图 3-38 所示，晶界导致短疲劳裂纹扩展速率的暂时停止和随后的加速。此外，水下激光沉积再制造试样晶界 A3 没有显示出对裂纹扩展的任何阻力，原因可能是裂纹尺寸已经比初生 β 柱状晶的尺寸大，晶界 A3 对短疲劳裂纹扩展的影响较小。

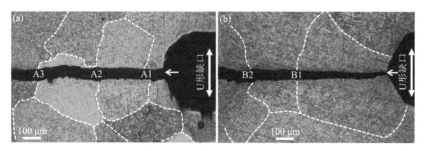

图 3-38　裂纹与晶界的作用

(a) 水下激光沉积再制造试样 2；(b) 陆上激光沉积再制造试样 2

陆上激光沉积再制造试样的晶界数量比水下激光沉积再制造试样的少。从图 3-38(b) 可以看出，裂纹尖端没有被晶界 B1 所阻碍。其原因可能是，在裂纹遇到初生 β 柱状晶晶界之前，裂纹的长度 (490 μm) 已经相当大。相对来说，初生 β 柱状晶内的局部 α 团簇的边界对裂纹的扩展呈现出主要的阻力作用，裂纹路径的偏移和短疲劳裂纹扩展速率的下降 (图 3-38) 都是由于陆上激光沉积再制造试样中存在相对较大尺寸的 α 相。

应该注意的是，在疲劳测试试样中，初生 β 柱状晶晶界的分布是随机的，因为这些试样是从沉积的 Ti-6Al-4V 板中随机切取的。虽然晶界的位置对裂纹的扩展行为有很大影响，但是当裂纹增长到一定尺寸时，它们就不再受晶界的影响。在上文已经提到，水下激光沉积再制造试样中的晶界数量比陆上激光沉积再制造试样要多。在随机条件下，水下激光沉积再制造试样中的显微裂纹扩展过程更有可能受到初生 β 柱状晶晶界的影响。

图 3-39 总结了微观组织对短疲劳裂纹扩展行为的影响，图 3-39(a) 显示裂纹可以直接高速穿透细小的 α′ 马氏体。水下激光沉积再制造试样的初生 β 柱状晶边

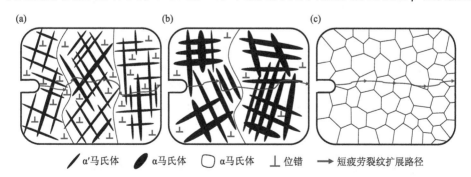

╱ α′ 马氏体　　▬ α 马氏体　　▢ α 马氏体　　⊥ 位错　　⟶ 短疲劳裂纹扩展路径

图 3-39　不同试样中短疲劳裂纹扩展示意图

(a) 水下激光沉积再制造 Ti-6Al-4V；(b) 陆上激光沉积再制造 Ti-6Al-4V；(c) 基体

界可以阻止裂纹并改变扩展方向。图 3-39(b) 显示裂纹也可以直接穿透粗 α 板条，但裂纹有时会改变扩展方向，与板条的方向平行。图 3-39(c) 显示基体中的裂纹可以直接穿透晶粒边界，并扩展到后续的晶粒内，基体试样的裂纹扩展行为主要由内在的材料特性决定。

参 考 文 献

[1] 于宇，李嘉琪. 国内外钛合金在海洋工程中的应用现状与展望[J]. 材料开发与应用，2018，(3)：111-116.

[2] 陈承皓. 大深度载人潜水器钛合金耐压球壳疲劳可靠性分析[D]. 上海：上海交通大学，2012.

[3] Romero C, Yang F, Bolzoni L. Fatigue and fracture properties of Ti alloys from powder-based processes–A review[J]. International Journal of Fatigue, 2018, 117: 407-419.

[4] Sun W B, Ma Y E, Huang W, et al. Effects of build direction on tensile and fatigue performance of selective laser melting Ti$_6$Al$_4$V titanium alloy[J]. International Journal of Fatigue, 2020, 130: 105260.

[5] Papahn H, Bahemmat P, Haghpanahi M. Effect of cooling media on residual stresses induced by a solid-state welding: underwater FSW[J]. The International Journal of Advanced Manufacturing Technology, 2016, 83: 1003-1012.

[6] Luo M, Hu R Z, Li Q H, et al. Physical understanding of keyhole and weld pool dynamics in laser welding under different water pressures[J]. International Journal of Heat and Mass Transfer, 2019, 137: 328-336.

[7] Zhan M J, Sun G F, Wang Z D, et al. Numerical and experimental investigation on laser metal deposition as repair technology for 316L stainless steel[J]. Optics & Laser Technology, 2019, 118: 84-92.

[8] Li Z H, Xu R J, Zhang Z W, et al. The influence of scan length on fabricating thin-walled components in selective laser melting[J]. International Journal of Machine Tools and Manufacture, 2018, 126: 1-12.

[9] Cao J, Gharghouri M A, Nash P. Finite-element analysis and experimental validation of thermal residual stress and distortion in electron beam additive manufactured Ti-6Al-4V build plates[J]. Journal of Materials Processing Technology, 2016, 237: 409-419.

[10] Sun G F, Wang Z D, Lu Y, et al. Numerical and experimental investigation of thermal field and residual stress in laser-MIG hybrid welded NV E690 steel plates[J]. Journal of Manufacturing Processes, 2018, 34: 106-120.

[11] Javid Y, Ghoreishi M. Thermo-mechanical analysis in pulsed laser cladding of WC powder on Inconel 718[J]. The International Journal of Advanced Manufacturing Technology, 2017, 92: 69-79.

[12] David S A, Vitek J M. Correlation between solidification parameters and weld

microstructures[J]. International Materials Reviews, 1989, 34: 213-245.

[13] Sun G F, Zhou R, Lu J Z, et al. Evaluation of defect density, microstructure, residual stress, elastic modulus, hardness and strength of laser-deposited AISI 4340 steel[J]. Acta Materialia, 2015, 84: 172-189.

[14] Zhao Z, Chen J, Lu X F, et al. Formation mechanism of the α variant and its influence on the tensile properties of laser solid formed Ti-6Al-4V titanium alloy[J]. Materials Science and Engineering: A, 2017, 691: 16-24.

[15] Wang Z D, Sun G F, Chen M Z, et al. Investigation of the underwater laser directed energy deposition technique for the on-site repair of HSLA-100 steel with excellent performance[J]. Additive Manufacturing, 2021, 39: 101884.

[16] Haubrich J, Gussone J, Barriobero-Vila P, et al. The role of lattice defects, element partitioning and intrinsic heat effects on the microstructure in selective laser melted Ti-6Al-4V[J]. Acta Materialia, 2019, 167: 136-148.

[17] Ahmed T, Rack H J. Phase transformations during cooling in α+β titanium alloys[J]. Materials Science and Engineering: A, 1998, 243: 206-211.

[18] Liu S Y, Shin Y C. Additive manufacturing of Ti_6Al_4V alloy: A review[J]. Materials and Design, 2019, 164: 107552.

[19] Lia F, Park J Z, Keist J S, et al. Thermal and microstructural analysis of laser-based directed energy deposition for Ti-6Al-4V and Inconel 625 deposits[J]. Materials Science and Engineering: A, 2018, 717: 1-10.

[20] Wang H, Zhu Z G, Chen H, et al. Effect of cyclic rapid thermal loadings on the microstructural evolution of a CrMnFeCoNi high-entropy alloy manufactured by selective laser melting[J]. Acta Materialia, 2020, 196: 609-625.

[21] Kumar P, Ramamurty U. Microstructural optimization through heat treatment for enhancing the fracture toughness and fatigue crack growth resistance of selective laser melted Ti_6Al_4V alloy[J]. Acta Materialia, 2019, 169: 45-59.

[22] Zhang X Y, Fang G, Leeflang S, et al. Effect of subtransus heat treatment on the microstructure and mechanical properties of additively manufactured Ti-6Al-4V alloy[J]. Journal of Alloys and Compounds, 2018, 735: 1562-1575.

[23] Bertsch K M, Meric de Bellefon G, Kuehl B, et al. Origin of dislocation structures in an additively manufactured austenitic stainless steel 316L[J]. Acta Materialia, 2020, 199: 19-33.

[24] Gorsse S, Hutchinson C, Gouné M, et al. Additive manufacturing of metals: A brief review of the characteristic microstructures and properties of steels, Ti-6Al-4V and high-entropy alloys[J]. Science and Technology of Advanced Materials, 2017, 18(1): 584-610.

[25] Zhao Z, Chen J, Tan H, et al. *In situ* tailoring microstructure in laser solid formed titanium alloy for superior fatigue crack growth resistance[J]. Scripta Materialia, 2020, 174: 53-57.

[26] Pantawane M V, Ho Y H, Joshi S S, et al. Computational assessment of thermokinetics and associated microstructural evolution in laser powder bed fusion manufacturing of Ti$_6$Al$_4$V alloy[J]. Scientific Reports, 2020, 10: 7579.

[27] Kazantseva N, Krakhmalev P, Thuvander M, et al. Martensitic transformations in Ti-6Al-4V（ELI）alloy manufactured by 3D printing[J]. Materials Characterization, 2018, 146: 101-112.

[28] de Formanoir C, Martin G, Prima F, et al. Micromechanical behavior and thermal stability of a dual-phase α+α'titanium alloy produced by additive manufacturing[J]. Acta Materialia, 2019, 162: 149-162.

[29] Elmer J W, Palmer T A, Babu S S, et al. *In situ* observations of lattice expansion and transformation rates of α and β phases in Ti-6Al-4V[J]. Materials Science and Engineering: A, 2005, 391: 104-113.

[30] Pantawane M V, Dasari S, Mantri S A, et al. Rapid thermokinetics driven nanoscale vanadium clustering within martensite laths in laser powder bed fused additively manufactured Ti$_6$Al$_4$V[J]. Materials Research Letters, 2020, 8: 383-389.

[31] Al-Bermani S S, Blackmore M L, Zhang W, et al. The origin of microstructural diversity, texture, and mechanical properties in electron beam melted Ti-6Al-4V[J]. Metallurgical and Materials Transactions A, 2010, 41: 3422-3434.

[32] Castany P, Pettinari-Sturmel F, Crestou J, et al. Experimental study of dislocation mobility in a Ti-6Al-4V alloy[J]. Acta Materialia, 2007, 55: 6284-6291.

[33] Ahn J, Chen L, Davies C M, et al. Parametric optimisation and microstructural analysis on high power Yb-fibre laser welding of Ti-6Al-4V[J]. Optics and Lasers in Engineering, 2016, 86: 156-171.

[34] Elmer J W, Palmer T A, Babu S S, et al. Phase transformation dynamics during welding of Ti-6Al-4V[J]. Journal of Applied Physics, 2004, 95: 8327-8339.

[35] Buirette C, Huez J, Gey N, et al. Study of crack propagation mechanisms during Charpy impact toughness tests on both equiaxed and lamellar microstructures of Ti-6Al-4V titanium alloy[J]. Materials Science and Engineering: A, 2014, 618: 546-557.

[36] Wu C, Zhao Y Q, Huang S X, et al. Microstructure tailoring and impact toughness of a newly developed high strength Ti-5Al-3Mo-3V-2Cr-2Zr-1Nb-1Fe alloy[J]. Materials Characterization, 2021, 175: 111103.

[37] Wang Z D, Sun G F, Lu Y, et al. High-performance Ti-6Al-4V with graded microstructure and superior properties fabricated by powder feeding underwater laser metal deposition[J]. Surface and Coatings Technology, 2021, 408: 126778.

[38] Oberwinkler B. Modeling the fatigue crack growth behavior of Ti-6Al-4V by considering grain size and stress ratio[J]. Materials Science and Engineering: A, 2011, 528: 5983-5992.

[39] ASTM E647-15e1 Standard test method for measurement of fatigue crack growth rates, West

Conshohocken: ASTM International, 2015.

[40] Ma X F, Zhai H L, Zuo L, et al. Fatigue short crack propagation behavior of selective laser melted inconel 718 alloy by *in situ* SEM study: Influence of orientation and temperature[J]. International Journal of Fatigue, 2020, 139: 105739.

[41] Wang X S, Fan J H. An evaluation on the growth rate of small fatigue cracks in cast AM50 magnesium alloy at different temperatures in vacuum conditions[J]. International Journal of Fatigue, 2006, 28: 79-86.

[42] Yadollahi A, Shamsaei N, Thompson S M, et al. Effects of building orientation and heat treatment on fatigue behavior of selective laser melted 17-4 PH stainless steel[J]. International Journal of Fatigue, 2017, 94: 218-235.

[43] Masuo H, Tanaka Y, Morokoshi S, et al. Influence of defects, surface roughness and HIP on the fatigue strength of Ti-6Al-4V manufactured by additive manufacturing[J]. International Journal of Fatigue, 2018, 117: 163-179.

[44] Yadollahi A, Shamsaei N. Additive manufacturing of fatigue resistant materials: Challenges and opportunities[J]. International Journal of Fatigue, 2017, 98: 14-31.

[45] Zhang D C, Wang L Y, Zhang H, et al. Effect of heat treatment on the tensile behavior of selective laser melted Ti-6Al-4V by *in situ* X-ray characterization[J]. Acta Materialia, 2020, 189: 93-104.

[46] Bridier F, Villechaise P, Mendez J. Slip and fatigue crack formation processes in an α/β titanium alloy in relation to crystallographic texture on different scales[J]. Acta Materialia, 2008, 56: 3951-3962.

[47] de Formanoir C, Michotte S, Rigo O, et al. Electron beam melted Ti-6Al-4V: Microstructure, texture and mechanical behavior of the as-built and heat-treated material[J]. Materials Science and Engineering: A, 2016, 652: 105-119.

[48] Wang S C, Aindow M, Starink M J. Effect of self-accommodation on α/α boundary populations in pure titanium[J]. Acta Materialia, 2003, 51: 2485-2503.

[49] Joseph S, Bantounas I, Lindley T C, et al. Slip transfer and deformation structures resulting from the low cycle fatigue of near-alpha titanium alloy Ti-6242Si[J]. International Journal of Plasticity, 2018, 100: 90-103.

[50] Suri S, Viswanathan G B, Neeraj T, et al. Room temperature deformation and mechanisms of slip transmission in oriented single-colony crystals of an α/β titanium alloy[J]. Acta Materialia, 1999, 47: 1019-1034.

[51] Kasemer M, Echlin M P, Stinville J C, et al. On slip initiation in equiaxed α/β Ti-6Al-4V[J]. Acta Materialia, 2017, 136: 288-302.

[52] Tanaka K, Mura T. A dislocation model for fatigue crack initiation[J]. Journal of Applied Mechanics, 1981, 48: 97-103.

[53] Nakajima K, Terao K, Miyata T. The effect of microstructure on fatigue crack propagation of α+β titanium alloys *in-situ* observation of short fatigue crack growth[J]. Materials Science and Engineering: A, 1998, 243: 176-181.

[54] Leuders S, Thöne M, Riemer A, et al. On the mechanical behaviour of titanium alloy TiAl₆V₄ manufactured by selective laser melting: Fatigue resistance and crack growth performance[J]. International Journal of Fatigue, 2013, 48: 300-307.

[55] Lütjering G, Williams J C. Titanium[M]. 2nd. Berlin: Springer-Verlag, 2007.

[56] Lu J X, Chang L, Wang J, et al. *In-situ* investigation of the anisotropic mechanical properties of laser direct metal deposition Ti₆Al₄V alloy[J]. Materials Science and Engineering: A, 2018, 712: 199-205.

[57] Briffod F, Bleuset A, Shiraiwa T, et al. Effect of crystallographic orientation and geometrical compatibility on fatigue crack initiation and propagation in rolled Ti-6Al-4V alloy[J]. Acta Materialia, 2019, 177: 56-67.

[58] Wang Y F, Chen R, Cheng X, et al. Effects of microstructure on fatigue crack propagation behavior in a bi-modal TC11 titanium alloy fabricated via laser additive manufacturing[J]. Journal of Materials Science & Technology, 2019, 35: 403-408.

[59] Sang L J, Lu J X, Wang J, et al. *In-situ* SEM study of temperature-dependent tensile behavior of Inconel 718 superalloy[J]. Journal of Materials Science, 2021, 56: 16097.

[60] Syed A K, Ahmad B, Guo H, et al. An experimental study of residual stress and direction-dependence of fatigue crack growth behaviour in as-built and stress-relieved selective-laser-melted Ti₆Al₄V[J]. Materials Science and Engineering: A, 2019, 755: 246-257.

[61] Zhang J K, Wang X Y, Paddea S, et al. Fatigue crack propagation behaviour in wire+arc additive manufactured Ti-6Al-4V: Effects of microstructure and residual stress[J]. Materials & Design, 2016, 90: 551-561.

[62] Zerbst U, Bruno G, Buffière J Y, et al. Damage tolerant design of additively manufactured metallic components subjected to cyclic loading: State of the art and challenges[J]. Progress in Materials Science, 2021, 121: 100786.

[63] Mishurova T, Artzt K, Rehmer B, et al. Separation of the impact of residual stress and microstructure on the fatigue performance of LPBF Ti-6Al-4V at elevated temperature[J]. International Journal of Fatigue, 2021, 148: 106239.

[64] Wang Z, Wu W W, Qian G A, et al. *In-situ* SEM investigation on fatigue behaviors of additive manufactured Al-Si10-Mg alloy at elevated temperature[J]. Engineering Fracture Mechanics, 2019, 214: 149-163.

[65] Molaei R, Fatemi A, Sanaei N, et al. Fatigue of additive manufactured Ti-6Al-4V, part Ⅱ: The relationship between microstructure, material cyclic properties, and component performance[J]. International Journal of Fatigue, 2020, 132: 105363.

第 *4* 章

水下激光沉积再制造低合金高强钢

低合金高强钢(high strength low alloy，HSLA)因具有高强度、高韧性、易焊接和优良的综合力学性能等特点而被广泛应用于海洋工程装备领域,如油气管道、海洋平台、海军舰艇等。恶劣海洋环境中海洋工程结构件的表面损伤,尤其是水下在役海工装备等结构件的表面损伤,一直面临修复难度大、修复成本高、修复周期长等难题。本章采用水下激光沉积再制造技术,以两种典型的低合金高强钢(HSLA-100、NV E690)为研究对象,研究再制造过程激光工艺参数和水下环境对修复质量的影响。此外,针对低合金高强钢耐蚀性能差的特点,基于水下激光沉积再制造技术在 NV E690 修复层表面原位制备 316L 不锈钢涂层,通过理论分析及实验表征,研究异种合金稀释对涂层表面钝化膜特性及电化学行为的影响。

4.1　水下激光沉积再制造HSLA-100组织演变及力学性能分析

4.1.1　水下激光沉积再制造 HSLA-100 工艺实验及温度历程分析

1. 工艺实验

HSLA-100 基体尺寸为 200 mm×100 mm×20 mm,采用电火花线切割机在基板上加工梯形槽作为损伤区域进行修复,梯形槽缺陷尺寸如图 3-1(a)所示。水下激光沉积再制造采用的金属粉末为 HSLA-100 粉末,粉末形状为气雾化球形颗粒,实验所用 HSLA-100 基体和粉末材料各自的元素成分见表 4-1。表 4-2 为 HSLA-100 钢板预制梯形槽水下原位激光沉积修复参数,实验水深为 20~150 mm,水下原位激光沉积修复试样命名为 A1~A5。压缩空气的压力约为 0.8 MPa,压缩空气流量为 210 L/min，载气和保护气压力均约为 0.15 MPa，流量均为 10 L/min。所使用的激光光斑直径为 2 mm，粉末汇聚点和光斑汇聚点重合，离焦量为 0 mm，搭接率为 50%。z 轴增量为 0.65 mm，沉积层数为 8 层。此外，通过陆上激光沉积再制造技术对 HSLA-100 钢板进行了修复，修复试样命名为 A0。

表 4-1　HSLA-100 基体和粉末的元素成分　　　　　（单位：%）

元素	C	Mn	Ni	Cr	Si	Mo	Cu	Nb	P	S	Fe
HSLA-100 基体	0.04	1.18	0.022	0.52	0.29	0.16	0.024	0.018	0.017	0.023	Bal.
HSLA-100 粉末	0.016	0.95	2.30	0.66	0.03	0.60	1.30	0.03	0.019	0.008	Bal.

表 4-2　水下和陆上激光沉积再制造 HSLA-100 工艺参数

试样	激光功率/W	扫描速度/(mm/min)	送粉速率/(g/min)	水深/mm
A0	1500	1000	8	陆上激光沉积再制造
A1	1500	1000	10	20
A2	1500	1000	10	60
A3	1500	1000	10	80
A4	1500	1000	10	100
A5	1500	1000	10	150

图 4-1 所示为在 150 mm 的水深下，对 HSLA-100 钢板进行再制造的实际加工过程。

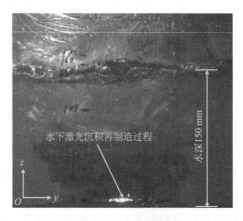

图 4-1　水深 150 mm 实际水下激光沉积再制造过程

图 4-2 所示为水下激光沉积再制造 HSLA-100 外观形貌及横截面，可见试样

均具有良好的修复外观，抛光横截面上未见明显裂纹和气孔。实验结果表明，在多种水深的环境下，都可以完成对 HSLA-100 钢板的修复。本节选取在 150 mm 水深下制造的试样 A5 分析微观组织和力学性能。

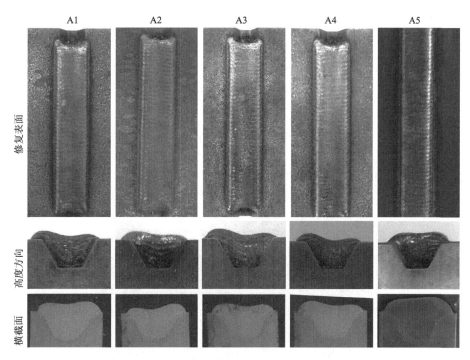

图 4-2　水下激光沉积再制造 HSLA-100 外观形貌及横截面图

在水下激光沉积再制造过程中，水下钢板基体的热循环过程由两个 Omega Type-K 热电偶进行测量，热电偶的直径为 5 mm，如图 4-3 所示。热电偶测得的数据由美国国家仪器有限公司的 SCB-68A 模块进行记录，该模块以 1000 Hz 的采样率在 LabView 中记录数据，本章中热电偶测得的实验数据将与数值仿真结果进行比较，以验证所使用的计算模型的准确性。

2. 温度历程分析

1) 模型建立及网格参数

本章对 HSLA-100 试样的修复过程进行了数值模拟，所建数值模型的尺寸和修复钢板的尺寸相同，如图 4-4 所示。为了平衡计算精度和计算时间，修复区具有较细的网格，基体区具有较粗的网格。本节所建模型的细节和第 3 章中内容相同，不再赘述，表 4-3 为 HSLA-100 的热物理参数。

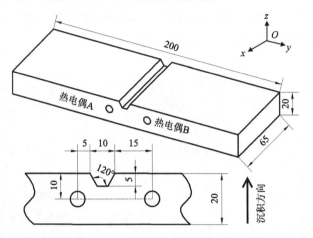

图 4-3 热电偶安装位置(单位：mm)

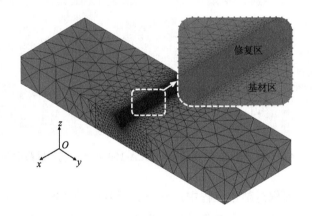

图 4-4 三维有限元模型

表 4-3 HSLA-100 的热物理参数

温度/℃	密度/(kg/m³)	比热容/[J/(kg·℃)]	热导率/[W/(m·℃)]
20	7830	450	32
100	7800	480	35
500	7670	690	35
800	7580	720	27
1200	7430	800	32
1500	7210	820	37
1600	6650	820	64

2) 仿真模型验证

图 4-5(a)所示为实验和模拟得到的热电偶 B 位置(图 4-3)的热循环曲线,由图可知,模拟和实验数据具有相同的趋势。此外,图 4-5(a)显示在整个陆上激光沉积再制造过程中,基体的温度持续上升(最高 193℃)。然而由于水的强制冷却作用,水下基体和沉积修复区在每一层之后都被冷却到 100℃以下。如图 4-5(b)所示,热电偶 A 位置具有明显的温度差异,随着沉积层数的增加,温度差异越来越大。由此可见,当陆上激光沉积再制造被引入到水下环境时,沉积修复区和基体的散热速率明显增加。

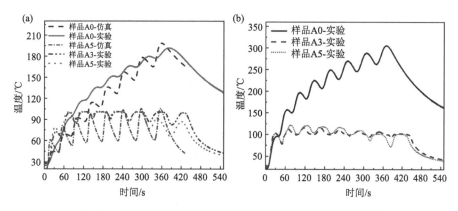

图 4-5　热电偶测量热循环曲线和仿真监测点热循环曲线比较

(a)实验和模拟记录热电偶 B 的热循环曲线;(b)水下激光沉积再制造和陆上激光沉积再制造热电偶 A 的热循环曲线

3) 温度场仿真分析

图 4-6(a、b)所示为水下激光沉积再制造和陆上激光沉积再制造过程中第 8 层(最后一层)熔池中心的温度分布,可见水下激光沉积再制造熔池周围的温度梯度比陆上激光沉积再制造熔池周围的温度梯度要大得多。如图 4-6(b)所示,陆上激光沉积再制造过程中,当激光移开时,之前沉积的部分的整体温度保持在 184~348℃。然而,水下激光沉积再制造试样中温度为 184~348℃的区域要比陆上激光沉积再制造试样中的区域小得多[图 4-6(a)]。

图 4-7 所示为第 8 层中心位置熔池温度轮廓(时间为 346.8 s),在此位置时,水下激光沉积再制造和陆上激光沉积再制造试样的熔池深度分别为 1.15 mm 和 1.36 mm,水下激光沉积再制造和陆上激光沉积再制造试样的熔池宽度分别为 2.27 mm 和 2.45 mm,这表明水下激光沉积再制造熔池的尺寸比陆上激光沉积再制造熔池的尺寸小。同时,由图 4-7(a、b)温度对比可以看出,水下激光沉积再制造

熔池的峰值温度(2580℃)低于陆上激光沉积再制造熔池的峰值温度(2688℃)。

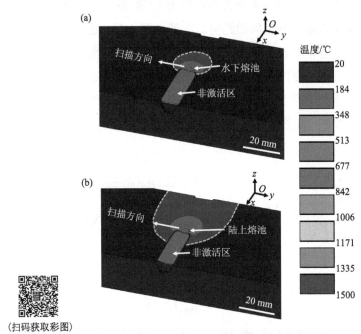

(扫码获取彩图)

图 4-6   第 8 层中心位置温度分布(时间为 346.8 s)

(a)水下激光沉积再制造；(b)陆上激光沉积再制造

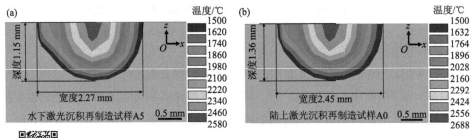

(扫码获取彩图)

图 4-7   第 8 层中心位置熔池温度轮廓(时间为 346.8 s)

(a)水下激光沉积再制造；(b)陆上激光沉积再制造

图 4-8(a、b)所示为第 1 层和第 4 层温度监测点经历的热循环曲线。第 1 层的热循环曲线包含八个峰值温度,这与第 8 层的沉积过程相对应。试样 A5 的峰值温度比试样 A0 略低,这是因为试样 A5 的基体温度较低。随着与移动的激光熔池距离的增加,可以观察到峰值温度和冷却速率下降。此外,如图 4-8(a、b)所示,当激光束移开时,峰值温度迅速下降到一个较低水平。Rodrigues 等[1]指出,

从 800℃降至 500℃的过程中，冷却速率对微观组织有较大的影响。如图 4-8(a)
所示，试样 A0 和 A5 的第 1 层在从 800℃降至 500℃的过程中，冷却速率分别为
585℃/s 和 580℃/s。在制造第 2 层的过程中，第 1 层的一些区域被重新熔化，在
这两个过程中，冷却速率大约为 390℃/s。如图 4-8(b)所示，对于试样 A0 和 A5，
第 4 层的冷却速率分别为 282℃/s 和 329℃/s。结果表明，各层的冷却速率随着沉
积高度的增加而降低。同时，水下激光沉积再制造试样比陆上激光沉积再制造试
样具有更高的冷却速率。主要原因是试样 A5 中的基体温度上升比试样 A0 中的低，
如图 4-8(a、b)所示。水下环境导致水下激光沉积前几个沉积层的热积累量较低，
这种现象增加了沉积层的冷却速率。

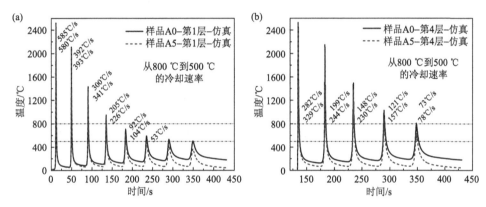

图 4-8　仿真模型监测点热循环曲线

(a)第 1 层监测点时间-温度曲线；(b)第 4 层监测点时间-温度曲线

4.1.2　水下激光沉积再制造 HSLA-100 微观组织表征

1. 金相组织

为了探究循环本征热处理和相关热动力学对微观组织演变过程的影响，对试
样 A5 和 A0 的金相组织进行详细研究，结果如图 4-9 所示。如图 4-9(a、b)所示，
在修复区的最顶部区域观察到了初生奥氏体晶界(prior austenite grain boundaries，
PAGBs)的等轴晶，该区域的沉积层厚约为 540 μm。这些等轴晶的形成是由于在
最后一层的凝固过程中发生了柱状晶到等轴晶的转变(columnar to equiaxed
transition，CET)。最顶部区域的微观组织由板条马氏体组成[图 4-9(b)]。如图
4-9(c、d)所示，柱状晶区域主要由板条马氏体组成，其与底部区域的板条马氏体

相同[图 4-9(e、f)]。在中间区域的少数先前形成的板条马氏体被转化为回火马氏体，而先前形成的初生奥氏体晶粒大小没有明显的变化。相比之下，试样 A0 的中间区域的回火微观组织的含量比试样 A5 中回火微观组织的含量多，如图 4-9(g、h)所示。

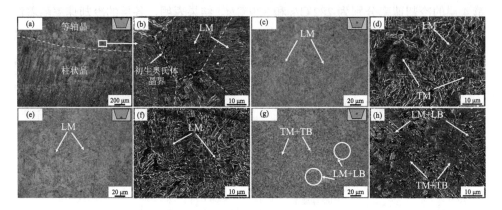

图 4-9　试样 A5 和 A0 的光学显微镜（OM）和扫描电子显微镜（SEM）图像

(a、b) 试样 A5 的最顶部区域；(c、d) 试样 A5 的中间区域；(e、f)试样 A5 的底部区域；(g、h)试样 A0 的中间区域。LM：lath martensite，板条马氏体；LB：lath bainite，板条贝氏体；TM：tempered martensite，回火马氏体；TB：tempered bainite，回火贝氏体

2. XRD 分析

图 4-10 所示为水下激光沉积再制造和陆上激光沉积再制造试样的 XRD 图谱。由图 4-10(a) 可见，所有试样的峰的位置都相同，这是因为马氏体和贝氏体具有相同的体心立方(body centered cubic，BCC)结构。图 4-10(b)表明，试样 A3 中的 α-(110)峰的 FWHM 值为 0.2992°。然而，试样 A0 中的 FWHM 值大约为 0.1771°。Sun 等[2]指出，激光沉积会诱发高应变值并增加结构中的晶体缺陷。水下激光沉积再制造过程中快速冷却速率导致了高应变值和各种晶格缺陷的形成，因此使衍射峰变宽。然而，陆上激光沉积再制造过程中强烈的本征热处理有助于减少结构中的晶体缺陷和高应变值，因此试样 A0 中的 α-(110)峰在通过本征热处理消除应力后再次变得窄高。如图 4-10(b)所示，陆上激光沉积再制造试样 A0 中回火马氏体的晶格参数比水下激光沉积再制造试样回火马氏体的晶格参数小。晶格参数的变化通常与化学元素的移动以及碳化物和铜颗粒的析出有关。更具体地说，铁、铜和锰的原子半径分别为 1.27 Å、1.28 Å 和 1.32 Å。当间隙 C 原子和置换 Cu 原

子从 Fe 基体中析出时，晶格畸变程度变小，晶胞的相对密度下降，导致晶格参数 a 变小。

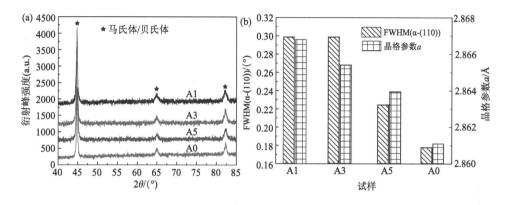

图 4-10　修复试样 XRD 分析

(a)试样 A1、A3、A5 和 A0 的 XRD 图谱；(b) α-(110)峰的 FWHM 和晶格参数 a

3. EBSD 分析

对试样 A5 和 A0 进行 EBSD 分析，实验结果如图 4-11 所示。反极图显示试样 A5 和 A0 的晶粒形态具有明显的差异[图 4-11(a、b)]。试样 A5 具有板条马氏体形态，板条相互垂直。然而，试样 A0 组织表现出多边形的形态，并且微观组织具有细小的晶粒尺寸。此外，试样 A5 中的 BCC 结构显示出明显的结晶学取向，最大的均匀分布数为 18。试样 A0 最大的均匀分布数为 10，这表明试样 A0 中具有不明显的微观织构。此外，图 4-11(a、b)显示小角度晶界(low angle grain boundaries，LAGBs；红线，<10°)和大角度晶界(high angle grain boundaries，HAGBs；黑线，≥10°)可以同时存在于显微组织中。试样 A5 的板条马氏体内部含有大量的 LAGBs。图 4-11(c)所示为试样 A5 和 A0 的晶界分布。在试样 A5 中，LAGBs 占所有晶界的 73%。试样 A5 中 LAGBs 的形成是由于水下激光沉积再制造过程中快速的固态相变。如图 4-11(c)所示，试样 A0 中 LAGBs 的比例(63%)低于试样 A5 的比例，原因是试样 A0 中大量的热量积累促进了 LAGBs 的移动和湮灭[3]。

4. TEM 分析

图 4-12 所示为试样 A5 和 A0 的 TEM 明场像图片。如图 4-12(a)所示，试样

A5 的微观组织由板条马氏体和一些回火马氏体/回火贝氏体组成，这一特征的形成是由于水下激光沉积再制造期间熔池附近具有较快的冷却速率和较高的温度梯度。从图 4-12(b)可以看到，奥氏体晶粒被分为板条束，这些板条束是由一些带有小角度晶界的板条马氏体组成的，而不同板条束的晶界是 HAGBs。如图 4-12(c)所示，单个板条马氏体的宽度约为 120 nm。同时，SAED 证实所有的板条都是体心立方结构。此外，板条马氏体内有大量的位错结构，大量的位错缠绕和位错线分布在板条马氏体中。

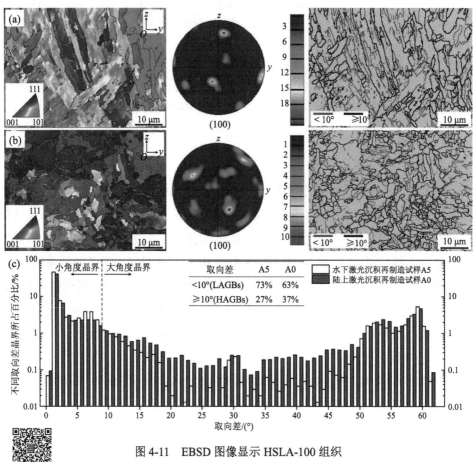

图 4-11　EBSD 图像显示 HSLA-100 组织

(a)试样 A5 反极图、极图和晶界图；(b)试样 A0 的反极图、极图和晶界图；
(c)试样 A5 和 A0 的晶界分布。小角度晶界用红线表示，大角度晶界用黑线表示

如图 4-12(d)所示，试样 A0 中的马氏体转化为回火和再结晶组织。激光沉积再制造过程本身复杂的热力学和动力学促进了动态再结晶过程的进行。如图

4-12(e)所示,试样 A0 中的位错密度明显低于试样 A5[图 4-12(c)]。同时观察到明显的板条增长,宽度增加到大约 440 nm。此外,试样 A0 中的位错线比试样 A5 中的位错线更加平直[图 4-12(e)]。如图 4-12(f)所示,三个再结晶晶核位于边界的中心。再结晶的晶核来自含有许多位错的蜂窝状结构所形成的子晶粒。再结晶晶粒一般在原始晶界和三叉晶界处形核并生长。图 4-12(g)显示,块状第二相 $M_{23}C_6$ 的尺寸为 490 nm,其衍射斑点如右上角所示。此外,从铁基体中析出的一些球状碳化物颗粒,如图 4-12(h)所示。如图 4-12(i)所示,不同形状的 ε-Cu 纳米析出相分布于板条马氏体中,这些 ε-Cu 是从回火马氏体中析出的。

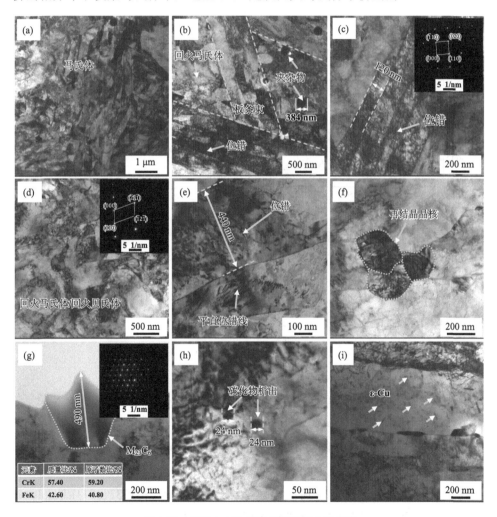

图 4-12　HSLA-100 显微组织 TEM 明场像

(a~c)试样 A5;　(d~i)试样 A0

5. DSC 分析

图 4-13（a）所示为试样 A5 和 A0 在加热速率为 10℃/min 时的差示扫描量热（DSC）法热曲线。可见在 DSC 法热曲线中检测到两个放热峰。第一个峰对应于铁中体心立方 Cu 团簇的形成，试样 A5 和 A0 的峰值温度分别为 443.8℃和 468.1℃。第二个峰与面心立方 ε-Cu 的形成和生长有关，试样 A5 和 A0 的峰值温度分别为 593.3℃和 613.3℃。图 4-13（b）显示随着加热速率的增加，放热反应的峰值温度向更高温度转移。

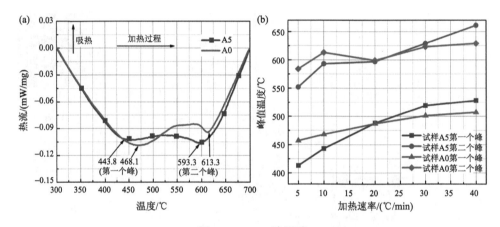

图 4-13 DSC 法测试

(a)试样 A5 和 A0 在加热速率为 10℃/min 时的 DSC 法热曲线；(b)试样 A5 和 A0 的峰值温度与加热速率的关系

在不同的加热速率下，通过式(4-1)计算水下激光沉积再制造和陆上激光沉积再制造试样的活化能（E_a）[4]：

$$\ln\left(\frac{b}{T_p^2}\right) = \frac{-E_a}{RT_p} + C \tag{4-1}$$

式中，b 是加热速率，℃/min；T_p 是 DSC 法热曲线中的峰值温度，℃；R 是气体常数，约为 8.314472 J/(mol·K)；C 是常数。$\ln(b/T_p^2)$ 和 $1000/T_p$ 是基于式(4-1)的线性关系。试样 A5 和 A0 的活化能如图 4-14 所示。试样 A5 和 A0 中第二相形核的活化能值分别为(66±12) kJ/mol 和(174±3.79) kJ/mol。在试样 A5 和 A0 中，第二相生长和粗化的活化能分别估计为(112±22) kJ/mol 和(233±91) kJ/mol。在 DSC 加热过程中，试样 A5 中沉淀析出所需的活化能远远低于试样 A0。

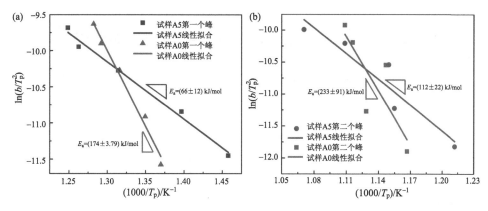

图 4-14　峰值处活化能比较

(a) 第一个峰；(b) 第二个峰

6. 扩散氢含量表征

表 4-4 列出了修复后的试样中扩散氢含量的结果。试样 A5 的扩散氢含量比较高(0.618 mL/100g)。随着水深的增加，相同气体流速下，排水效果逐渐变差，这可能是试样 A5 中扩散氢含量增加的原因。在水下激光沉积再制造过程中，较高的扫描速度(1000 mm/min)削弱了气帘的隔水能力，外部水可以冲破气帘，进入到局部干区中，导致熔池和水的相互作用。此外，尽管局部干区中的水被气帘喷嘴排出，但在激光加工区仍有一层薄薄的水膜残留，水下环境激光与材料相互作用过程中，熔池的温度非常高，水分解成氢气进入熔池。一般来说，在凝固过程中会有大量的氢气逸出并产生气泡。然而，熔池的凝固速度非常高，限制了氢气的溢出。因此，排水质量较差时，修复区中的扩散氢含量增加。表 4-4 中的数值远远低于国际焊接学会(International Institute of Welding，IIW)规定的焊缝内氢含量标准(5 mL/100g)，水下激光沉积修复区中较低的氢含量显著降低了修复区在水下环境中氢脆的风险。

表 4-4　水下激光沉积再制造试样中的扩散氢含量

试样名称	A1	A2	A3	A4	A5
含量/(mL/100g)	0.562	0.337	0.337	0.337	0.618

4.1.3　水下激光沉积再制造热动力学过程对微观组织形成/演变的影响机制

1. 水下激光沉积再制造和陆上激光沉积再制造热历程与微观组织演变关联规律

图 4-15(a、b)显示了 HSLA-100 在水下激光沉积再制造和陆上激光沉积再制造过程中的微观组织演变过程。水下激光沉积再制造 HSLA-100 所涉及的微观组织演变遵循如下描述：当激光照射在 HSLA-100 粉末和基体上时，在基体上形成一个熔池并迅速凝固为柱状奥氏体。由于水下激光沉积层峰值温度相对较低，而且在水下环境中高温停留时间很短，奥氏体晶粒粗化过程被抑制。根据图 4-16 的连续冷却转变图(continuous cooling transformation diagram，CCT)可知，柱状奥氏体在经历快速冷却和水冷环境的共同影响下，转变成为细小马氏体。γ 相和 α 相之间的自由焓能差($\Delta G_\gamma - \Delta G_\alpha$)是马氏体转变的驱动力[5]。水下激光沉积后续各层的冷却速率也很高，促进了板条马氏体的不断形成。

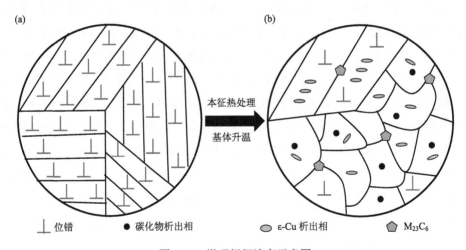

图 4-15　微观组织演变示意图

(a)水下激光沉积再制造试样 A5；(b)陆上激光沉积再制造试样 A0

与水下激光沉积再制造试样的微观组织演变过程相比，陆上激光沉积再制造的试样具有明显的差异[图 4-15(b)]。激光熔池的快速冷却导致了陆上激光沉积前几层生成板条马氏体。随着后续层数的增加，试样 A0 中先前的沉积层受到循环本征热处理的影响。同时，热量积累导致沉积层和基体的温度变得非常高[图

4-6(b)]。这将使马氏体转变为回火马氏体,一些板条马氏体的形态也将演变为多边形。此外,有报道称在陆上激光沉积再制造过程中,反复的热循环和应力会诱发动态再结晶[6]。

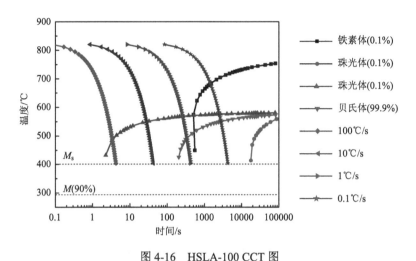

图 4-16　HSLA-100 CCT 图

M_s 代表马氏体转变开始温度;虚线温度 M 代表奥氏体转变为马氏体已完成 90%时的温度

2. 热力学控制的位错演化和相位析出过程

TEM 结果(图 4-12)显示,水下激光沉积再制造试样中的位错特征和第二相原位析出行为与陆上激光沉积再制造试样中的不同。由此可知,沉积环境对激光沉积再制造过程中的冶金热力学和动力学有着至关重要的影响。第一,讨论水下激光沉积再制造和陆上激光沉积再制造过程中位错演变和循环热历史之间的关系。在水下环境激光熔池的快速凝固过程中,原子的扩散行为受到较大限制,这将导致较大的晶格畸变和较高的位错密度[图 4-12(a~c)]。然而,陆上激光沉积再制造试样的冷却速率比水下激光沉积再制造试样的冷却速率低,早期陆上激光沉积再制造阶段形成的位错密度要比早期水下激光沉积再制造阶段低,陆上激光沉积再制造过程中强烈的热循环导致了位错的移动和湮灭[7],因此,陆上激光沉积再制造试样中的位错密度急剧下降[图 4-12(d、e)]。

第二,$M_{23}C_6$ 第二相的形成表明,与试样 A5 相比,试样 A0 的温度较高并且保温时间更充足。在陆上激光沉积再制造过程中,Cr 和 Mo 从基体中析出并移动到相界面,导致 $(Cr、Mo、Fe)_{23}C_6$ 形成。本征热循环的影响和残余应力的累积塑性应变加速了第二相的析出动力过程[7]。$M_{23}C_6$ 第二相通常分布在初生奥氏体晶界和板条马氏体边界。$M_{23}C_6$ 的存在可以稳定晶界和亚晶界，有利于提高微观组织的稳定性[图 4-15(b)]。

第三，试样 A5 和 A0 中具有不同的纳米碳化物和富铜析出物的沉淀行为。在陆上激光沉积再制造过程中，本征热处理引起的自回火有助于形成回火马氏体(也被称为下贝氏体)。同时，间隙原子如 C 从过饱和的马氏体中沉淀出来，因此，在回火马氏体中产生了大量的纳米碳化物颗粒，第二相的生成取决于热力学驱动力[8]。通常直径为 5~20 nm 的颗粒可以产生沉淀硬化效应[9]，因此，这些细小的纳米碳化物[图 4-12(h)中的约 24 nm]能够强化 HSLA-100。相比之下，在水下激光沉积再制造试样中，碳化物的沉淀受到限制，在试样中没有观察到纳米碳化物。

第四，在陆上激光沉积再制造试样中产生了细小的 ε-Cu 第二相[图 4-12(i)]，铁和铜之间的正混合焓是试样 A0 中产出铜沉淀析出的根本原因[8]。在沉淀析出的早期阶段，体心立方的 Cu 团簇晶格与 Fe 基体呈现出晶格共格关系。在快速粗化过程中，体心立方 Cu 团簇转变为 9R 结构(排布序列 ABC/BCA/CAB)，随着温度升高，进一步转变成不共格面心立方 Cu 团簇第二相[10]。陆上激光沉积再制造试样中粗大的 Cu 纳米团簇的存在直接证明了在 DSC 法加热过程中出现的放热峰[图 4-13(a)]。Cu 纳米团簇可以在低合金高强钢中产生沉淀强化效应。相比之下，在水下激光沉积再制造试样中，Cu 原子则作为置换原子分布在 Fe 基体晶格中，Cu 没有表现出沉淀强化效应，只具有固溶强化效应。

3. 活化能和沉积层微观组织之间的关系

在试样 A5 中发现了大量的位错，Ghosh 等[11]研究指出，位错不仅为 Cu 团簇提供了形核位置，还提供了第二相生长所需的溶质原子。这些结果表明，高位错密度在沉淀析出过程中具有重要作用。在水下激光沉积再制造过程中较大的冷却速率导致了试样 A5 中较高残余应力的形成。因此，高密度的晶体缺陷和较大的内部残余应力降低了 DSC 法加热过程中析出物形核和生长所需的活化能。然而，试样 A0 自身较高的自退火温度和较长的自退火时间降低了马氏体晶格畸变，从而减少了位错的数量和减弱了晶格畸变的程度(图 4-12)。与试样 A5 相比，在试样 A0 中需要更多的活化能来驱动铜的析出和生长。

4.1.4　水下激光沉积再制造 HSLA-100 力学性能表征

拉伸和冲击韧性测试试样的取样位置如图 4-17 所示。需要说明的是，HSLA-100 拉伸试样中间区域均由约 25%的基体区和约 75%的修复区构成，而冲击韧性试样的中间区域由约 50%的基体区和约 50%的修复区构成。

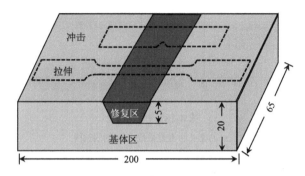

图 4-17　拉伸和冲击韧性测试试样的取样位置(单位：mm)

表 4-5 列出了室温拉伸实验的实验结果，水下激光沉积再制造试样的屈服强度和最大抗拉强度与陆上激光沉积再制造试样 A0 的相当。这表明水下激光沉积再制造试样具有良好的抗拉强度。同时，所有的试样都在远离修复区的基体部分失效，表明修复区具有较高的强度。水下激光沉积再制造试样 A1、A3 和 A4 的延伸率(24%~28%)比通过陆上激光沉积再制造试样 A0 的(22%)大。

表 4-5　修复后试样拉伸实验和夏比冲击韧性实验的结果

试样	屈服强度/MPa	最大抗拉强度/MPa	延伸率/%	断裂位置	在-40℃时的冲击韧性/J
A0	785	831	22	基体	47 ± 5
A1	778	826	26	基体	66 ± 10
A2	778	824	22	基体	52 ± 3
A3	794	834	24	基体	37 ± 2
A4	792	836	28	基体	50 ± 2
A5	778	826	22	基体	40 ± 4

图 4-18(a)所示为水下激光沉积再制造和陆上激光沉积再制造试样的工程应力-位移曲线。如图 4-18(b)所示，陆上激光沉积再制造和水下激光沉积再制造试样均在基体区发生了断裂。图 4-19 所示为试样 A5 中基体的断口形貌，由于基体

中贝氏体和回火贝氏体的存在，基体试样部分具有良好的延展性，断口形貌体现了韧性断裂特征。

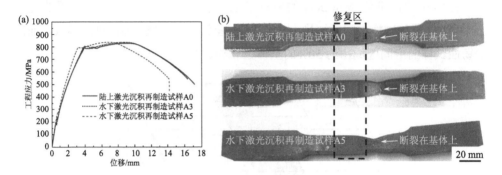

图 4-18　拉伸实验

(a) 工程应力-位移曲线；(b) 断裂试样

表 4-5 同时列出在−40℃条件下，不同水深下修复区的冲击韧性。可见修复区的冲击韧性 (37~66 J) 明显低于基体的冲击韧性 (165 J)。需要说明的是，表 4-5 中的所有数值都超过了焊接件韧性的工业标准 (ISO 16834：2012，27 J)，这表明在水下环境利用水下激光沉积再制造技术修复的钢板具有良好的冲击韧性。

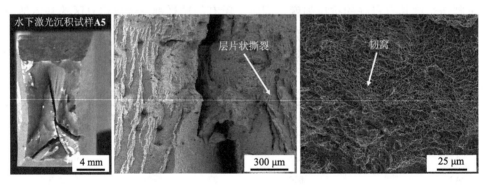

图 4-19　试样 A5 中基体的断口形貌

图 4-20 所示为冲击韧性实验后试样的断口形貌。如图 4-20 (a) 所示，试样 A5 的裂纹产生在右侧缺口处，然后向被测试样扩展。修复区显示出脆性表面，颜色明亮，平面度较高，为脆性断口。相比之下，基体区则呈现出较黑暗的表面，这表明基体区表面是韧性断裂的。如图 4-20 (b) 所示，裂纹沿着枝晶边界扩展，这是由定向凝固造成的，断口形貌表明这是晶间脆性断裂。如图 4-20 (c) 所示，试

样 A3 修复区的断裂表面由解理刻面组成。图 4-20（d、e）所示为试样 A5 修复区的断口形貌，在断裂的表面上可以观察到一些二次微裂纹［图 4-20（d）］，二次微裂纹容易沿着马氏体晶界扩展。如图 4-20（e）所示，在裂纹扩展路径周围分布着一些韧窝，表明试样 A5 具有一些韧性断裂特征。图 4-20（f）表明基体区具有典型的韧性断裂特征，因为其断裂表面分布有大量的韧窝和微裂纹。

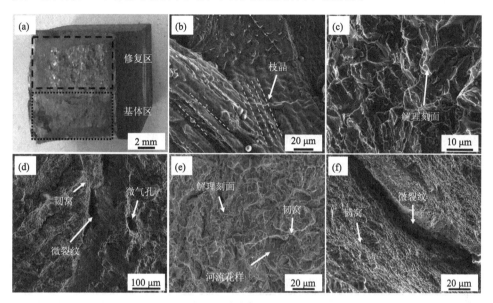

图 4-20　冲击韧性断口形貌

（a~c）试样 A3 修复区的断口形貌；（d、e）试样 A5 修复区的断口形貌；（f）试样 A5 基体区的断口形貌

4.1.5　微观组织演变和冶金缺陷对力学性能的影响

Chen 等[12]揭示了钢的强化主要是调节内部组织结构以抵抗位错的移动。水下激光沉积再制造 HSLA-100 展现的高加工硬化现象主要是由于马氏体中具有大量的几何必须位错（geometrically necessary dislocation，GND）和细小马氏体。同时，HSLA-100 粉末只包括少量的 C 元素（约 0.016%）。修复区中的超低碳基体将产生相对柔软的马氏体，而不是传统的中低钢材快速冷却后具有的脆硬马氏体，超低碳基体有利于形成具有良好延展性的无裂纹修复区。

由表 4-5 可知，用水下激光沉积再制造和陆上激光沉积再制造技术制备试样的平均冲击韧性分别为 49 J 和 47 J，冲击吸收的能量主要与沉积层的微观组织有关。试样 A5 中的板条马氏体以及大量的初生奥氏体晶界，可以有效阻止冲击过程中裂纹的扩展。

4.2 水下激光沉积再制造 NV E690 组织演变及力学性能分析

4.2.1 水下激光沉积再制造 NV E690 高强钢工艺实验

实验采用 NV E690 高强钢作为实验基板，其尺寸规格为 200 mm × 100 mm × 15 mm。采用电火花线切割机在基板上切割一个梯形槽以模拟损伤区域[图 3-1(a)]。采用真空感应气雾化 NV E690 高强钢粉末作为原材料，其元素成分如表 4-6 所示。水下激光沉积再制造工艺参数见表 4-7，水下修复试样分别命名为 S2~S6，陆上修复试样命名为 R1。水下激光沉积再制造激光光斑直径为 3 mm，载气和保护气压力为 0.45 MPa，流量为 20 L/min。粉末汇聚点和光斑汇聚点重合，激光离焦量为 0 mm，搭接率为 50%，扫描路径为 Z 字形。

表 4-6　NV E690 高强钢基板和 NV E690 高强钢粉末元素成分　　　(单位：%)

元素	C	Si	Mn	P	S	Cr	Mo	Ni	Al	Cu	V	Ti	Nb	Fe
基板	0.138	0.283	1.28	0.019	0.005	0.176	0.119	0.011	0.028	0.015	0.003	0.007	—	Bal.
粉末	0.14	0.27	1.36	0.006	0.003	0.16	0.13	0.24	0.021	0.28	0.08	0.016	0.047	Bal.

表 4-7　水下激光沉积再制造 NV E690 高强钢工艺参数

试样	激光功率/W	扫描速率/(mm/min)	送粉速率/(g/min)	保护气压力/MPa	载气压力/MPa	环境压力/MPa
R1	4000	1500	35	0.20	0.40	0
S2	4000	1500	35	0.20	0.40	0.01
S3	4000	1500	35	0.25	0.45	0.05
S4	4000	1500	35	0.35	0.55	0.15
S5	4000	1500	35	0.45	0.65	0.25
S6	4000	1500	35	0.55	0.75	0.35

4.2.2 水下激光沉积再制造 NV E690 微观组织表征

1. OM 及 SEM 表征

如图 4-21(a、b)所示，陆上激光沉积再制造和水下激光沉积再制造的修复区与基体间具有良好的冶金结合。所有试样横截面顶部区域和底部区域的微观组织特征相似，此处以试样 R1 和试样 S6 为例阐明陆上激光沉积再制造和水下激光沉积再制造的微观组织特征。试样 S6 顶部区域呈现出典型的 CET 和残留奥氏体晶界，其组织主要由板条马氏体组成，如图 4-21(c、d)所示。试样 S6 中间区域和底部区域部分的板条马氏体转变为回火马氏体，如图 4-21(e)所示。试样 S6 底部区域的晶粒形貌可分为三个区域：熔合区(fusion zone，FZ)、粗晶区(coarse grain zone，CGZ)和细晶区(fine grain zone，FGZ)，如图 4-21(f)所示。其中，熔合区以柱状晶为主，粗晶区和细晶区间位于热影响区内，其晶粒随着与熔合区距离的增加而逐渐减小。试样 R1 顶部区域和底部区域也分别呈现出 CET 和晶粒的连续变化。然而，试样 R1 的中间区域只观察到回火马氏体，如图 4-21(h)所示。

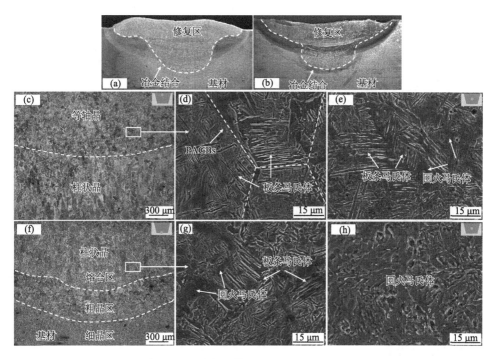

图 4-21 试样 R1 和试样 S6 修复区组织的宏观形貌和微观形貌

(a、b)试样 R1 和试样 S6 修复区的宏观形貌；(c)试样 S6 顶部区域的 CET；(d)试样 S6 的顶部区域的局部放大图；(e)试样 S6 的中间区域；(f)试样 S6 的底部区域；(g)试样 S6 底部区域的局部放大图；(h)试样 R1 的中间区域

2. XRD 表征

如图 4-22 所示，所有试样呈现出相似的 XRD 曲线，表明其组织的晶体结构为体心立方，晶格参数为 $a = b = c = 2.868$ Å。如图 4-22(b)所示，与陆上激光沉

积再制造修复试样相比，水下激光沉积再制造修复试样 α-(110)峰的平均 FWHM 增大了约 59%（从 0.0984°增加到 0.1568°±0.0076°）。XRD 测量的 FWHM 与材料的晶格畸变、位错密度和 Ⅱ 型残余应力呈正相关[2]。与陆上激光沉积再制造工艺相比，水环境与基板之间的超快散热致使水下激光沉积再制造过程具有更高冷却速率，沉积组织具有更大的残余应力和局部应变，促进组织晶格缺陷的形成。因此，水下激光沉积再制造试样具有更宽的 α-(110)衍射峰。

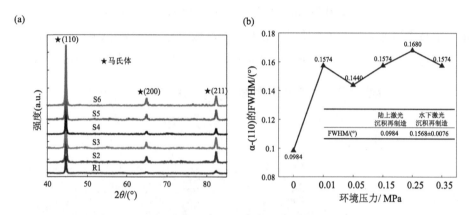

图 4-22 水下/陆上激光沉积再制造修复试样 XRD 分析

(a)XRD 曲线；(b)α-(110)峰的 FWHM 值

3. TEM 表征

图 4-23 为所有试样的 TEM 图像。如图 4-23(a~f)所示，试样 R1 的位错分布稀疏，位错密度低；试样 S2~S6 的位错线相互交织，形成位错塞积、缠结和位错墙，位错密度较高。水下激光沉积再制造试样（如 S4 和 S5）组织以较小的板条马氏体为主，而陆上激光沉积再制造试样（R1）则以较为粗大的回火马氏体为主，如图 4-23(g~i)所示。

如图 4-24(a)所示，试样 S6 的电子衍射花样表明其晶格结构为体心立方。有趣的是，在试样 S6 中观察到大量纳米颗粒的析出，如图 4-24(b~e)所示。EDS 能谱扫描表明该析出相富含 Ti、V 和 N 元素，为平均等效半径 $r = (4.78\pm0.98)$ nm 的(Ti, V)N 纳米颗粒[图 4-24(f~i)]。类似的(Ti, V)N 纳米颗粒析出在轧制低合金高强钢中也有报道[13]。

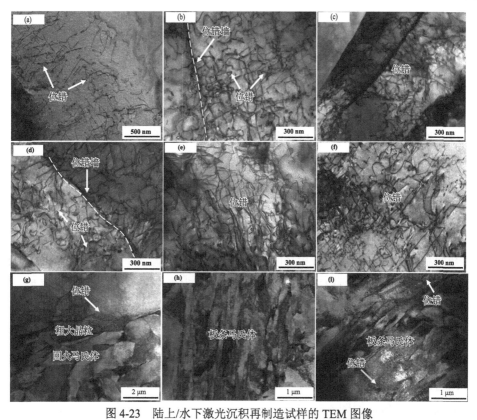

图 4-23　陆上/水下激光沉积再制造试样的 TEM 图像

(a~f)试样 R1、S2、S3、S4、S5、S6 的位错分布；(g)试样 R1 的晶粒形貌；(h、i)试样 S4 和试样 S5 的晶粒形貌

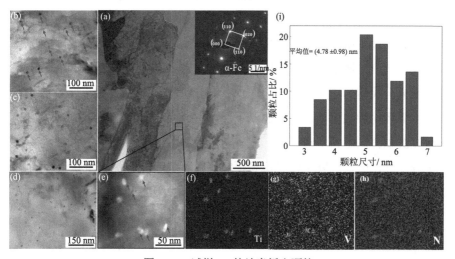

图 4-24　试样 S6 的纳米析出颗粒

(a)S6 试样的 TEM 明场像及其电子衍射花样；(b~d)纳米析出颗粒的 TEM 明场像；(e~h)纳米析出颗粒及其 EDS 能谱扫描图；(i)纳米析出颗粒的尺寸分布

4.2.3 水下环境对激光沉积再制造 NV E690 微观组织演变的影响

1. 微观组织演变过程

水的强制散热致使基板快速冷却，诱发熔池凝固过程中的高冷却速率$(1 \times 10^3 \sim 1 \times 10^5 \text{ K/s}^{[14]})$，显著影响沉积层微观组织演变过程。高冷却速率增大过冷度，提高形核概率，促进沉积层顶部区域的 CET[15]。熔池凝固过程中枝晶沿最大热流方向生长形成各向异性的柱状晶[16]，循环沉积重熔沉积层顶部的等轴晶，并致使柱状晶连续生长。因此，修复区中间区域以柱状晶为主，而仅在修复区顶部区域观察到 CET[图 4-21(c)]。在熔池凝固过程中，当沉积层温度快速下降到马氏体转变开始温度 M_s 时，γ 相和 α 相之间可形成较大的自由焓差，导致奥氏体组织根据 Kurdjumov-Sachs(K-S) 取向关系发生马氏体转变[17]。同时在修复区底部区域，当基体被加热到超过相变温度时，可诱发奥氏体均匀化，晶粒显著长大，形成粗晶区。在热影响区内，晶粒长大速率随温度的降低而逐渐减小，如图 4-21(f) 所示。当沉积层温度下降到马氏体转变终止温度 M_f 时，沉积层内的马氏体转变结束，同时因马氏体转变体积膨胀增大了晶粒边界的残余应力，抑制部分奥氏体的转变，形成残余奥氏体，如图 4-21 所示。

循环沉积使沉积层反复经历快速加热和冷却，诱发沉积层 IHT 效应[18]。如图 4-25 所示，与陆上激光沉积再制造工艺相比，水环境强制散热可快速冷却基板，诱发熔池凝固过程中的高冷却速率，显著抑制沉积层的热量积累，削弱沉积层的本征热处理效应，降低了回火温度和马氏体分解的高温持续时间，抑制了板条马氏体向回火马氏体的转化。此外，在水下激光沉积再制造修复之后，修复件完全浸没于水下环境导致沉积层温度急剧下降，进一步促进沉积层的马氏体转变。在陆上激光沉积再制造修复过程中，空气与基板之间的换热系数仅为水环境和基板的几十分之一，因此，陆上激光沉积再制造过程具有较强的热量积累，沉积层的 IHT 效应显著，致使沉积组织在形成马氏体后被反复加热形成回火马氏体，如图 4-21(h) 所示。

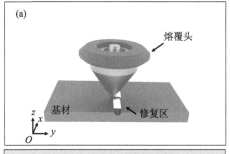
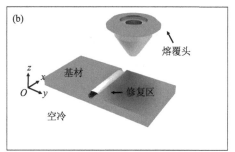
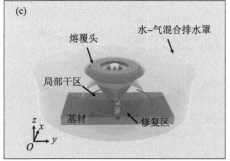
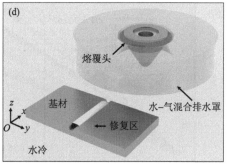

图 4-25 陆上/水下激光沉积过程对比

(a)陆上激光沉积再制造过程；(b)陆上激光沉积再制造修复后经历空冷；
(c)水下激光沉积再制造修复过程；(d)水下激光沉积再制造修复后经历水冷

2. 高压促进氮溶解

氮的固溶可使钢具有优良的耐蚀性和综合力学性能[19,20]。本节采用氮气作为保护气体，在水下环境创造了局部高压氮氛围，避免熔池高温氧化的同时诱发熔池加压氮化，将该现象命名为压力渗氮效应，如图 4-26(A)所示。如图 4-26(B)所示，在压力环境下氮气从气相到液相的传质过程经历了以下三个步骤。

步骤 1：氮气分子在熔池上方气体边界层的质量转移。

步骤 2：氮气分子在熔池表面的分解反应 $N_2(g) = 2[N]$。

步骤 3：熔池内部靠近熔池表面氮原子的扩散。

水下激光沉积再制造过程中局部干区内形成高压氮氛围。NV E690 高强钢基板和粉末均不含氮元素。因此，熔池在初始阶段无氮元素。在压力渗氮过程中，熔池上方气体边界层的氮分压梯度和熔池内部靠近熔化表面边界层的氮浓度梯度分别是图 4-26(B)中步骤(a)和步骤(c)的驱动力。此外，熔池的高温度梯度诱发高表面张力梯度，导致熔池内形成强烈的马兰戈尼效应，熔池内的强对流加速

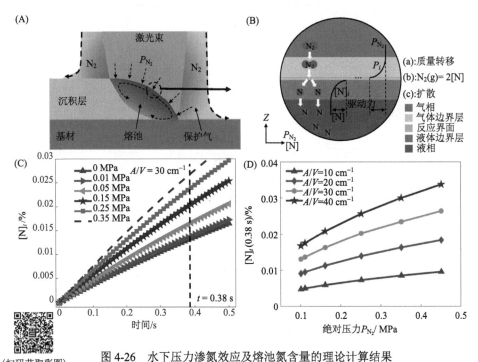

(扫码获取彩图)

图 4-26 水下压力渗氮效应及熔池氮含量的理论计算结果

(A)水下压力氮氛围下激光沉积示意图;(B)压力渗氮过程示意图;(C)$A/V=30 \text{cm}^{-1}$ 时,

不同 P_{N_2} 下, $[N]_t$ 与时间(t)的关系;(D)在不同的 A/V 和不同 P_{N_2} 下 0.38s 时的$[N]_t$

图 4-26(B)步骤(c)的中氮原子的扩散,促进其传质过程。在较低绝对氮分压(P_{N_2})下,熔池内的平衡氮浓度($[N]_e$, %)遵循 Sievert 定律,即 $P_{N_2} \leqslant 0.101$ MPa,$[N]_e$ 与 $P_{N_2}^{1/2}$ 呈线性关系;而在高绝对氮分压下($P_{N_2} > 0.101$ MPa),$[N]_e$ 与 Sievert 定律之间存在负偏差[21]。$[N]_e$ 在 1873K 时可表示为[22]

$$\lg[N]_e = \frac{1}{2}\lg\frac{P_{N_2}}{P_0} + \lg K_N - \lg f_N \tag{4-2}$$

式中,P_0 为标准大气压力(0.101MPa);K_N 为氮在钢液中的平衡常数;f_N 为氮的亨利活度系数。K_N 可表示为[21]

$$\lg K_N = -\frac{188}{T} - 1.17 \tag{4-3}$$

式中,T 为热力学温度。f_N 在 1873K 时可表示为

$$\lg f_N = e_N^N[N]_{dis} + \sum_{i=2}^{n} e_N^i[i] + \sum_{i=2}^{n} \gamma_N^i[i]^2 + 0.061\lg\left(\frac{P_{N_2}}{P_0}\right)^{1/2} \tag{4-4}$$

式中，e_N^N 为氮元素自身的一阶相互作用参数；$[N]_{dis}$ 为溶解的氮含量(%)；e_N^i 和 γ_N^i 分别为合金元素 i 对氮元素的一阶和二阶相互作用参数；$[i]$ 是溶解于熔池的元素 i(%)。与 e_N^i 和 γ_N^i 相关的合金元素在 1873 K 时的值见文献[23]。

低合金高强钢渗氮速率由氮在液相中的传质过程决定，其服从一阶速率方程。钢液中氮含量的变化可以表示为[22-24]

$$\ln\left(\frac{[N]_e - [N]_0}{[N]_e - [N]_t}\right) = k_N \frac{A}{V} t \tag{4-5}$$

式中，$[N]_0$ 为钢液的初始氮含量(%)；$[N]_t$ 为 t 时刻钢液中的氮含量(%)；k_N 为钢液中氮的表观传质系数(0.0224 cm/s)；A 为气相与液相的界面面积(cm^2)；V 为熔池的体积(cm^3)。因此，式(4-5)可转化为

$$[N]_t = [N]_e \left(1 - \frac{1}{\exp(k_N \frac{A}{V} t)}\right) \tag{4-6}$$

式(4-2)~式(4-4)表明，增大 P_{N_2} 可导致更高的$[N]_e$。式(4-6)说明，增大比表面积 (A/V) 将导致更高的$[N]_t$。基于熔池的同轴图像可知，熔池处于液相的时间约为 0.38 s。如图 4-26(C、D)所示，较高的 P_{N_2}、t 和 A/V 将导致更高的$[N]_t$。当 A/V = 30 cm^{-1}，T = 1873 K，P_{N_2} = 0.35 MPa，t = 0.38 s 时，$[N]_t$ 达到 0.0263%，这大约是陆上激光沉积再制造修复试样氮含量(0.01305%)的 2.01 倍。然而，激光循环沉积修复的扫描轨迹和热历史极度复杂，很难确定 A/V 的实际值和熔池温度历程。在水下激光沉积再制造修复过程中，较高的氮分压和熔池的 A/V 值将增加熔池的氮浓度，促进氮化物的形成。由于仅在试样 S6 的组织内观察到(Ti, V)N 纳米颗粒的析出，因此存在一个临界环境压力(P_{cr})。当 $P_{N_2} < P_{cr}$ 时，较小的氮分压致使熔池的增氮量有限，氮化物难以生成。当 $P_{N_2} > P_{cr}$ 时，高压氮氛围促进氮溶解，导致组织氮化物的析出，提升修复件的力学性能。

3. 纳米级颗粒的析出和强化

1) (Ti, V)N 纳米颗粒的析出动力学

如图 4-27(a)所示，压力渗氮过程促进(Ti, V)N 纳米颗粒的形成，这种颗粒通常是 TiN 和 VN 的结合。TiN 和 VN 在 γ 相中的溶解度可表示为[25,26]

$$\lg[Ti]_\gamma \cdot [N]_\gamma = 4.94 - \frac{14400}{T} \tag{4-7}$$

$$\lg[V]_\gamma \cdot [N]_\gamma = 3.63 - \frac{8700}{T} \tag{4-8}$$

其中，$[Ti]_\gamma$、$[V]_\gamma$、$[N]_\gamma$ 分别为 Ti、V 和 N 在 γ 相中的浓度（%）。$[Ti]_\gamma/[N]_\gamma$ 和 $[V]_\gamma/[N]_\gamma$ 的化学计量比分别为 3.42 和 3.63。γ 相中 TiN 和 VN 的溶解度线和化学计量比线可以用图 4-28（a、b）表示。γ 相中 Ti 和 V 的平衡浓度由溶解度线和化学计量比线的交点表示。TiN 和 VN 的溶度积以及 Ti 和 V 的平衡浓度如图 4-28（c）所示。在 NV E690 的凝固点（1743 K），VN 溶度积（4.32×10^{-2}）是约为 TiN 溶度积（4.66×10^{-4}）的 100 倍。因此，TiN 先于 VN 从 γ 相中析出。这一结果也被 Yan 等[27]和 Fernández 等[28]证实。Ti 的平衡浓度在 1587 K 时达到 0.016%，而 V 的平衡浓度在 1367 K 时达到 0.08%。这表明 NV E690 中的 Ti 和 V 将分别在 1587 K 和 1367 K 时完全溶解于 γ 相。在冷却过程中，TiN 先于 VN 析出，由于二者具有相似的晶体结构和晶格参数，VN 易在 TiN 上形核生长，最终形成（Ti, V）N 颗粒，如图 4-27（b、c）所示。当沉积层冷却到 M_f 时，（Ti, V）N 颗粒均匀分布于板条马氏体中，如图 4-24 和图 4-27（d）所示。

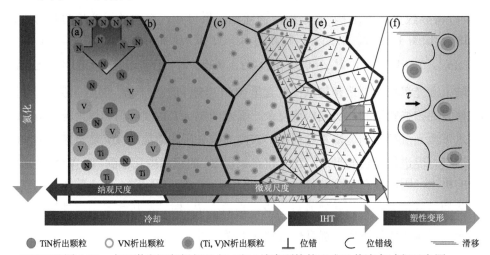

图 4-27　水下激光沉积组织及（Ti,V）N 纳米颗粒的形成及其演变过程示意图
(a)水下微熔池压力渗氮效应；(b)TiN 颗粒的析出；(c)VN 在 TiN 上成核；
(d)板条马氏体的形成；(e)IHT 效应后的组织；(f)塑性变形
（扫码获取彩图）

　　TiN 和 VN 在奥氏体中的溶解度随温度的升高而增加。根据 Ostwald 熟化机制可知，纳米级颗粒的生长和溶解行为与颗粒尺寸相关，存在一个临界尺寸[29]，如果颗粒尺寸小于临界尺寸，颗粒将溶解到基体中；如果颗粒尺寸大于临界尺寸，颗粒将通过捕捉基体中的溶质原子而长大。颗粒临界半径 r_{cr}（单位为 nm）可表示为[30]

$$r_{cr} = \frac{2\gamma V_m}{RT}\left(\ln\left(\frac{C_m}{C_\infty}\right)\right)^{-1} \tag{4-9}$$

$$C_m = \frac{C_0 - f\,C_p}{1-f} \approx C_0 \tag{4-10}$$

式中，γ 为颗粒的界面能（0.8 J/m^2）；V_m 为颗粒的摩尔体积（V_{TiN} = 11.53×10^{-6} m^3/mol，V_{VN} = 8.38×10^{-6} m^3/mol）；R 为气体常数（8.314 J/mol）；C_m 为基体中的平均溶质浓度（%）；C_∞ 为溶质原子的平衡浓度（%）；C_0 为初始溶质浓度（%）；C_p 为颗粒中的溶质浓度（%）；f 为颗粒的体积分数。

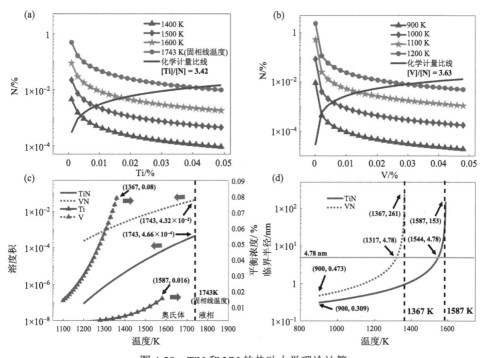

图 4-28　TiN 和 VN 的热动力学理论计算

(a) 奥氏体中 TiN 的溶解度线和化学计量比线；(b) 奥氏体中 VN 的溶解度线和化学计量比线；(c) TiN 和 VN 的溶度积以及奥氏体中 Ti 和 V 的平衡浓度；(d) TiN 和 VN 颗粒的临界半径

Ti 和 V 的平衡浓度如图 4-28(c) 所示。此外，TiN 颗粒和 VN 颗粒的临界半径分别可用式(4-9)和式(4-10)表示，如图 4-28(d) 所示。(Ti, V)N 颗粒的平均等效半径为(4.78±0.98) nm，假设新形成的(Ti, V)N 颗粒在热力学上是稳定的，即循环沉积本征热处理对纳米颗粒的尺寸影响很小。(Ti, V)N 颗粒溶解的临界温度为 1317~1544 K。(Ti, V)N 颗粒的高溶解温度表明，析出的颗粒在水下激光沉积再制造修复过程中会被粗化。因此，需要证明 TiN 和 VN 具有的极低粗化率。

2)（Ti, V）N 颗粒的粗化行为

Lifshitz 和 Slyozov[31]根据 Ostwald 熟化机制将颗粒的粗化行为表示为

$$r_t^3 - r_0^3 = \frac{8\gamma V_m D C_m}{9RT} t \qquad (4\text{-}11)$$

式中，r_t 为经过反应时间 t 后的粒子半径，m；r_0 是反应前的粒子半径，m；D 为元素的扩散系数（m²/s）。γ 相中 Ti 和 V 的扩散系数 $D_{Ti\text{-}\gamma}$ 和 $D_{V\text{-}\gamma}$ 可表示为[32,33]

$$D_{Ti\text{-}\gamma} = 0.15 \exp\left(\frac{-250956}{RT}\right) \qquad (4\text{-}12)$$

$$D_{V\text{-}\gamma} = 0.36 \exp\left(\frac{-308166}{RT}\right) \qquad (4\text{-}13)$$

粗化速率可以通过式（4-11）中 r_t^3 对 t 的微分得到。在 1073 K 时，TiN 和 VN 的粗化速率分别为 0.096 nm·s$^{1/3}$ 和 0.103 nm·s$^{1/3}$。因此，TiN 和 VN 由于其极低的粗化速率和高的溶解温度而呈现出较高的热力学稳定性。这一点也被 Pandit 等[34]证明。一般来说，IHT 效应可将沉积层加热至数百摄氏度，并且其高温时间持续极短（数秒钟）。沉积层较低的温度表明后续的 IHT 对（Ti, V）N 颗粒的溶解或粗化的影响很小，因此析出的热力学稳定颗粒仍然维持在几纳米尺寸，如图 4-24 和图 4-27（e）所示。

4.2.4 水下激光沉积再制造 NV E690 力学性能

1. 显微硬度

沿修复区中心线的硬度分布如图 4-29 所示。水下激光沉积再制造修复的试样的显微硬度[（290.6±8.3）~（319.1±14.0）HV]，高于陆上激光沉积再制造修复的试样[（283.4±6.0）HV]和基材的显微硬度（285.0 HV）。马氏体组织和高位错密度导致水下激光沉积再制造修复试样显微硬度提高。

2. 拉伸性能

所有修复试样的屈服强度（σ_s）和抗拉强度（σ_b）可以达到基体材料的 90%以上（σ_s = 780.0 MPa，σ_b = 840.0 MPa）[图 4-30（a）]。除 S6 试样外，其他修复试样的平均延伸率[δ_a=（11.6±0.5）%]与基体材料的延伸率（δ = 18%）相比降低了约 35.6%。水下再制造修复试样（试样 S2~S5）的拉伸性能[平均 σ_s = （733.1±18.8）MPa，平均

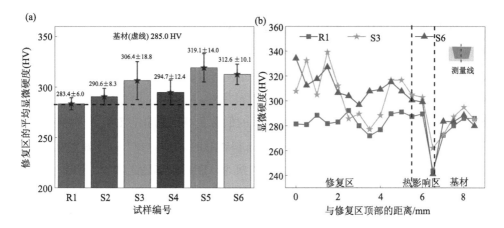

图 4-29　修复区组织的硬度分布

(a)试样区平均显微硬度；(b)试样 R1、S3 和 S6 的显微硬度分布

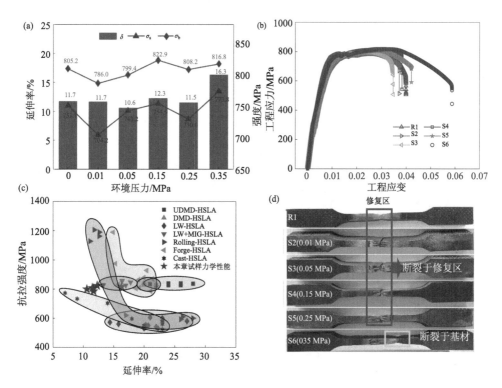

图 4-30　拉伸性能测试结果

(a)延伸率、屈服强度和抗拉强度；(b)工程应力-应变曲线；(c)本章力学性能与 UDMD-HSLA[35,36]、DMD-HSLA[37]、LW-HSLA[38-43]、LW+MIG-HSLA[44]、Rolling-HSLA[45,46]、Forge-HSLA[47-50] 和 Cast-HSLA[51-53] 机械性能的比较；(d)断裂的试样

$\sigma_b = (804.1 \pm 13.4)$ MPa,平均 $\delta = 11.5\% \pm 0.6\%$〕与陆上再制造修复试样(试样 R1)的拉伸性能($\sigma_s = 751.1$ MPa, $\sigma_b = 805.2$ MPa, $\delta = 11.7\%$)相当,如图 4-30(a)所示。试样 S6 在颈缩之前呈现出最大的工程应变,而其他试样的曲线则呈现出集中分布,其对应的工程应变较小,如图 4-30(b)所示。与其他低合金高强钢研究中提到的 σ_b 和 δ 进行比较,大多数激光焊接的低合金高强钢(LW-HSLA)和铸造的低合金高强钢(Cast-HSLA)呈现出较低的 σ_b 和较好的 δ(高达 27%)。激光电弧复合焊技术(LW+MIG-HSLA)、陆上激光沉积(DMD-HSLA)和水下激光沉积(UDMD-HSLA)制造的低合金高强钢具有相当的 σ_b,并且具有更好的 δ(高达 28%)。大多数锻造制造的低合金高强钢(Forge-HSLA)具有更好的 σ_b(高达 1190 MPa)和 δ(高达 21.4%),而轧制低合金高强钢(Rolling-HSLA)显示出材料固有的典型强度-韧性平衡关系。试样 S6 在基体上断裂,呈现出更好的拉伸性能($\sigma_s = 773.8$ MPa, $\sigma_b = 816.8$ MPa 和 $\delta = 16.3\%$),如图 4-30 所示。此外,当环境压力≤0.25 MPa 时,环境压力和拉伸性能之间无明显关联性。对于水下激光沉积再制造修复的试样,试样 S2、S3、S4 和 S5 在修复区断裂,并呈现类似的断裂形态。因此,本节只呈现了 S3 试样和 S6 试样的断口形貌,图 4-31(a~c)表明试样 R1、S3 和 S6 拉伸断口形貌具有许多均匀的韧窝,形成一个韧窝网络,表明修复区和基体为延展性断裂。

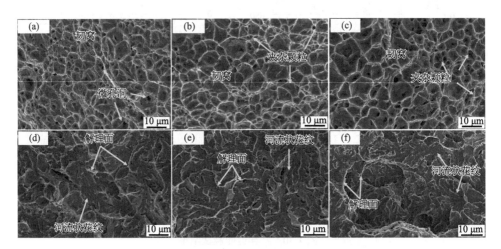

图 4-31 试样的拉伸断口和夏比冲击断口形貌

(a~c)试样 R1、S3、S6 拉伸断口形貌;(d~f)试样 R1、S3、S6 夏比冲击断口形貌

试样 S6 拉伸性能的提升可归因为析出相的强化机制。析出的(Ti, V)N 颗粒

[(4.78 ± 0.98) nm]超过了临界直径(r_{cr}约 3.8 nm[54]),因此在塑性变形过程中,位错将绕过析出的颗粒形成 Orowan 环,提高了合金的强度[55],如图 4-30 所示。其屈服强度的增量可表示为[56,57]

$$\Delta\sigma_{PH} = M\frac{0.4Gb}{\pi(1-\nu)^{\frac{1}{2}}}\frac{\ln\left(\dfrac{2\overline{r}}{b}\right)}{2\overline{r}\left(\left(\dfrac{\pi}{4f}\right)^{\frac{1}{2}}-1\right)} \tag{4-14}$$

式中,$\Delta\sigma_{PH}$ 为 Orowan 强化对强度的贡献;M 为泰勒系数;G 为 α-Fe 基体的剪切模量(80 GPa);b 为伯格斯矢量;ν 为泊松比;$\overline{r}$ 为析出颗粒的平均半径(nm);f 为析出的体积分数(%)。

式(4-14)表明,f 的增加将导致更高的 $\Delta\sigma_{PH}$。f 一定时,$\Delta\sigma_{PH}$ 与析出颗粒的大小成反比。

3. 冲击韧性

所有试样在–40℃的平均冲击韧性(46.7 J)只达到基体材料的 67.7%(69.0 J),如表 4-8 所示。尽管修复区无法达到与基体材料相当的力学性能,但修复后的试样仍然超过了焊接韧性的工业标准(27.0 J,根据 ISO 16834:2012)。水下激光沉积再制造修复试样的平均冲击韧性(46.5 J)与陆上激光沉积再制造修复试样(47.5 J)相当。断口呈现出典型的解理断裂特征:高反射性晶体平面和河流状纹理。试样 S3、S6 呈现类似的断裂形态,如图 4-31(d~f)所示。

表 4-8　所有试样在–40℃时的夏比 V 形缺口冲击韧性

试样编号	R1	S2	S3	S4	S5	S6	基体
冲击韧性/J	47.5	50.0	43.5	52.5	44.0	42.5	69

4.2.5　微观组织对力学性能的影响

1. 微观组织演变对拉伸行为的影响

试样在拉伸实验期间分别经历弹性变形、屈服变形、应变硬化、颈缩和断裂。当应力超过屈服强度后,需要增大应力才能使材料继续发生应变,这一阶段材料抵抗变形的能力得到提高,该现象被称为应变硬化。材料的应变硬化特性可以通过 Hollomon 方程表示[58]：

$$\sigma_T = K\varepsilon_T^n \tag{4-15}$$

式中，σ_T 为真应力；ε_T 为真应变；K 为强度系数（常数）；n 为应变硬化指数（常数）。对式(4-15)取对数，可以直观地得到应变硬化指数为

$$\ln\sigma_T = \ln K + n\ln\varepsilon_T \tag{4-16}$$

式中，$\ln\varepsilon_T$ 与 $\ln\sigma_T$ 成正比。材料颈缩导致变形不稳定，颈缩点可以通过 Consider 判据表示[59]：

$$\frac{d\sigma_T}{d\varepsilon_T} = \sigma_T \tag{4-17}$$

所有试样的 $\ln\sigma_T$ 与 $\ln\varepsilon_T$ 的曲线如图 4-32(a)所示。对散点数据进行线性拟合，得到应变硬化指数。所有试样的决定系数 R^2 都大于 0.95，表明 $\ln\varepsilon_T$ 和 $\ln\sigma_T$ 之间有良好的线性关系，如图 4-32(b)所示。试样 S6 在基体处断裂，其中对应的 n 最大（$n=0.1638$），这表明基体的塑性变形能力优于修复区的塑性变形能力。其他水下激光沉积再制造修复试样显示出与陆上激光沉积再制造修复试样（$n=0.1440$）相当的比例系数（平均 $n=0.1476$），这表明水下激光沉积再制造修复试样的修复区与陆上激光沉积再制造修复试样具有相当的塑性变形能力。

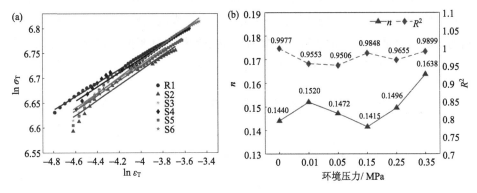

图 4-32 修复试样拉伸性能分析

(a)所有试样的 $\ln\varepsilon_T$-$\ln\sigma_T$ 图；(b)应变硬化指数(n)和线性拟合的决定系数(R^2)

除 S6 试样外，所有试样都在修复区颈缩并断裂，如图 4-30(d)所示。这可以通过如下解释：一般来说，夹杂、脱黏和孔隙等微观缺陷均会导致修复区内形成局部应力集中。由于水下激光沉积再制造工艺和陆上激光沉积再制造工艺相比具有较高的冷却速率，修复区产生了较大的残余应力，因此其修复区裂纹敏感。当

过载是拉伸实验中断裂的主要原因时，微孔隙在局部应变的区域形成，试样因微孔隙逐渐聚集而断裂。因此，试样 R1~S5 在拉伸实验中的修复区发生断裂。然而，试样 S6 的修复区通过 (Ti, V)N 纳米颗粒的析出得到了强化而超过了基体材料的强度，如图 4-24 所示。故而，试样 S6 在基体上出现颈缩断裂，如图 4-30(d) 所示。

2. 微观组织演变对冲击韧性的影响

随着环境温度的降低，NV E690 经历了延性-脆性转变。延性-脆性转变温度 T_B（单位为 K）和解理断裂应力 σ_f（单位为 MPa）服从 Hall-Petch 关系[60,61]：

$$T_B = T_0 - K_B d^{-\frac{1}{2}} \tag{4-18}$$

$$\sigma_f = K_f d^{-\frac{1}{2}} \tag{4-19}$$

式中，T_0 为 $d \to \infty$(K) 时 T_B 的初始值；K_B 为常数；d 为平均晶粒尺寸(m)；K_f 为裂纹的 Hall-Petch 系数。当裂纹尖端的峰值拉应力 σ_t(MPa) 超过解理断裂应力 σ_f 时，材料就会发生脆性断裂，即[60]

$$\sigma_t \geqslant \sigma_f \tag{4-20}$$

本节中的冲击韧性实验温度为-40℃，极大地降低了 σ_t。因此，脆性断裂发生在修复区，如图 4-31 所示。此外，水下环境压力对冲击韧性没有明显影响。

4.3　水下激光沉积再制造 NV E690 耐蚀性能提升策略

4.3.1　水下激光沉积再制造 NV E690 耐蚀涂层制备工艺实验

尽管水下激光沉积再制造技术可原位修复损伤结构件，但高温、高盐、高湿海洋环境极易导致修复区腐蚀损伤。316L 不锈钢具有优异耐腐蚀性能和机械性能，广泛应用于制造海洋工程装备。为此，本节在 NV E690 修复层表面原位制备 316L 不锈钢涂层，可以在保留修复试样力学性能的前提下提高修复区表面的耐腐蚀性能。本节所选用的 316L 不锈钢粉末成分如表 4-9 所示。

表 4-9　316L 不锈钢粉末元素成分　　　　　　　　（单位：%）

元素	C	Si	Mn	Cr	Mo	Ni	Al	Ti	Fe
316L 不锈钢粉末	0.017	0.46	1.20	17.05	2.80	11.28	0.002	0.006	Bal.

水下激光沉积再制造修复 NV E690 的试样命名为 C1。在水下激光沉积再制造修复 NV E690 基础上，制备单层 316L 不锈钢和双层 316L 不锈钢，并分别命名为 C2 和 C3。水下激光沉积再制造 NV E690 高强钢工艺参数如表 4-10 所示。

表 4-10   水下激光沉积再制造 NV E690 高强钢工艺参数

试样	沉积层区域	激光功率/W	扫描速率/(mm/min)	送粉速率/(g/min)	保护气压力/MPa	载气压力/MPa	环境压力/MPa
C1	修复区	4000	1500	35	0.45	0.45	0.3
C2	修复区	4000	1500	35	0.45	0.45	0.3
	单层 316L 不锈钢	4000	1500	19.5	0.45	0.45	0.3
C3	修复区	4000	1500	35	0.45	0.45	0.3
	双层 316L 不锈钢	2000	1000	13	0.45	0.45	0.3

4.3.2   水下激光沉积再制造 316L 不锈钢耐蚀涂层微观组织分析

1. 涂层宏观形貌和微观组织特征

如图 4-33 所示，NV E690 沉积层与基体之间具有良好的冶金结合，316L 不锈钢涂层上表面为等轴晶，并且在横截面的顶部区域还存在典型的 CET。NV E690 沉积层主要为马氏体组织，如图 4-34(a) 所示。与 NV E690 区域相比，试样 C2 的 316L 不锈钢涂层富含 Cr 和 Ni 元素，具有更好的耐腐蚀性[图 4-34(b)]。在试样 C3 的 316L 不锈钢涂层上观察到 Cr 和 Ni 的阶梯状分布[图 4-34(c)]。试样 C3 的 TEM 图像和选择区域电子衍射花样表明试样 C3 的上表面为板条马氏体和体心立方晶体结构[图 4-34(d)]。试样 C2 的 316L 不锈钢涂层和 NV E690 修复区的结合面处有以 NV E690 半岛和岛状区域为特征的宏观偏析形貌，如图 4-34(e) 所示。此外，在试样 C2 的上表面还观察到带状宏观偏析区，如图 4-34(f) 所示。图 4-34(g) 为试样 C3 的第 1 层 316L 不锈钢(316LA)和第 2 层 316L 不锈钢(316LB)界面处的半岛状宏观偏析。并且，该半岛仅占图 4-34(e) 所示半岛的 1/6 左右，表明存在较为轻微的宏观偏析现象。上述宏观偏析现象也广泛出现在异种金属焊接过程中[62]。

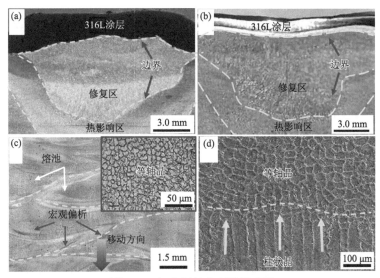

图 4-33 沉积层的宏观组织形貌

(a)试样 C2 横截面的宏观形貌；(b)试样 C3 横截面的宏观形貌；(c)试样 C2 的上表面形貌；(d)试样 C2 横截面顶部的等轴晶-柱状晶转变区

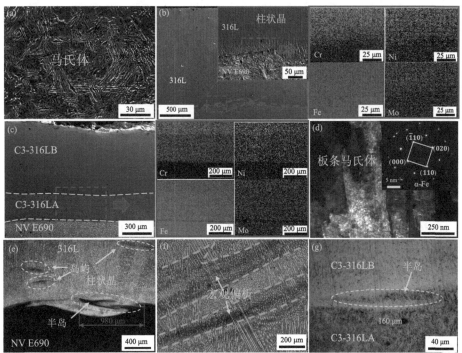

图 4-34 沉积层的微观组织形貌

(扫码获取彩图)

如图 4-35 所示，试样 C2 的 316L 不锈钢涂层中的 Cr 和 Ni 元素从上表面到结合界面逐渐增加，然后下降到较低的水平。这种元素梯度沿沉积构建方向的变化可以归结为如下原因：熔池内的强对流从熔池表面向下流动到固液界面，再回到熔池中心。熔体沿凝固界面流动时，溶质被凝固前沿捕获，导致试样 C2 的 316L 不锈钢涂层沿构建方向呈负浓度梯度。试样 C3 的 316L 不锈钢涂层的 Cr 和 Ni 元素先缓慢增加，然后在结合界面处呈阶跃下降，如图 4-35（b、e）所示。宏观偏析区为贫 Cr、Ni，富 Fe，说明宏观偏析区耐蚀性较差，如图 4-35（c、f）所示。此外，C3-316LA 和 C3-316LB 之间的宏观偏析效应较为轻微，对应的半岛状宏观偏析仅约为 160 μm。

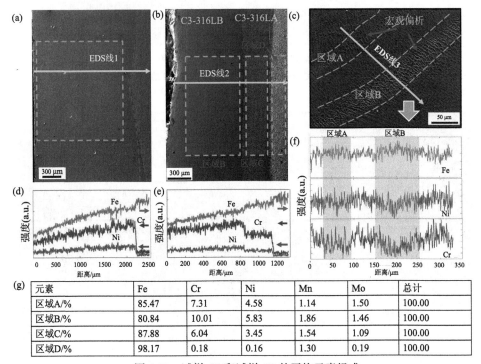

元素	Fe	Cr	Ni	Mn	Mo	总计
区域A/%	85.47	7.31	4.58	1.14	1.50	100.00
区域B/%	80.84	10.01	5.83	1.86	1.46	100.00
区域C/%	87.88	6.04	3.45	1.54	1.09	100.00
区域D/%	98.17	0.18	0.16	1.30	0.19	100.00

图 4-35　试样 C2 和试样 C3 的平均元素组成

(a)试样 C2 横截面的 SEM 图像；(b)试样 C3 的 SEM 图像；(c)试样 C2 上表面宏观偏析区的 SEM 图像；(d)EDS 线 1 数据；(e)EDS 线 2 数据；(f)EDS 线 3 数据；(g)区域 A、B、C、D 的平均化学成分

(扫码获取彩图)

2. 涂层的相组成

如图 4-36 所示，XRD 结果表明基体和水下激光沉积再制造试样的上表面均

为马氏体(体心立方晶体结构)。采用 EDS 获取主要替代合金元素(Cr、Ni)的成分占比,可估算 316L 不锈钢涂层的平均化学成分和平均稀释率。316L 不锈钢涂层的稀释率可定义为熔池中基体材料(NV E690)和涂层材料(316L)的体积比。稀释率可通过如下公式计算[63]:

$$D_{coat-[i]}[i]_{316L} + D_{bm-[i]}[i]_{690} = [i]_{EDS} \qquad (4-21)$$

$$D_{coat-[i]} + D_{bm-[i]} = 1 \qquad (4-22)$$

$$\frac{1}{n}\sum_{i=1}^{n} D_{coat-[i]} = D_{coat} \qquad (4-23)$$

式中, $D_{coat-[i]}$ 和 $D_{bm-[i]}$ 分别为沉积层和基体材料中元素[i]的稀释率; $[i]_{316L}$ 和 i_{690} 分别为 316L 不锈钢粉末和 NV E690 粉末中元素[i]的浓度(%); $[i]_{EDS}$ 为采用 EDS 获得的元素[i]的浓度(%); D_{coat} 为涂层的稀释率,可视为 $D_{coat-[i]}$ 的平均值。EDS 在测量置换原子方面具有较高的精度,但在测量 N、C、H 等间隙原子时存在较大误差。NV E690 粉末和 316L 不锈钢粉末中的主要重元素:Fe、Cr、Ni、Mn、Mo 的浓度超过 99.0%,因此,可基于 EDS 测量上述五大重元素占比以预估涂层的平均化学成分和稀释率。各涂层的元素成分如表 4-11 所示。涂层元素成分的变化可诱发组织的原位相变,这种原位相变可以通过舍夫勒-德隆图来预测[64,65]。通过比较奥氏体和铁素体稳定元素,计算等效 Cr 含量(Cr_{eq})和等效 Ni 含量(Ni_{eq}):

表 4-11　各涂层的元素成分　　　　　　　　　　(单位:%)

	C	Si	Mn	P	S	Cr	Mo	Ni	Al	Cu	V	Ti	Nb	Fe
C2-316L	0.090	0.348	1.295	0.0036	0.002	7.055	1.220	4.747	0.013	0.166	0.0473	0.012	0.028	Bal.
C3-316LA	0.097	0.336	1.304	0.0039	0.002	6.039	1.059	4.083	0.014	0.182	0.0522	0.013	0.031	Bal.
C3-316LB	0.068	0.381	1.266	0.0025	0.001	10.061	1.695	6.712	0.010	0.116	0.0331	0.010	0.019	Bal.

$$Cr_{eq} = Cr + 1.5Si + Mo + 5V + 0.5Nb + 0.75W \qquad (4-24)$$

$$Ni_{eq} = Ni + 0.5Mn + 30C + 30N + 0.3Cu + Co \qquad (4-25)$$

316L 不锈钢涂层的稀释率、Cr_{eq} 和 Ni_{eq} 如表 4-12 所示。在舍夫勒-德隆图中,所有 316L 不锈钢涂层均位于马氏体(M)相区,如图 4-36 所示。XRD 测量结果、舍夫勒-德隆图预测结果和 TEM 图像均证实了 316L 不锈钢涂层的组成相为马氏体。

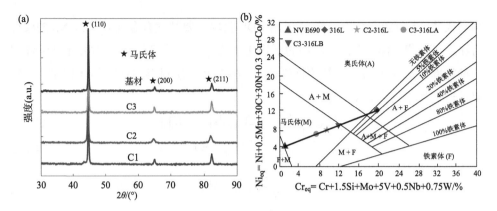

图 4-36　XRD 曲线和基于舍夫勒-德隆图预测结果

(a) 所有试样的 XRD 曲线，括号内数值表示晶面指数；(b) 基于舍夫勒-德隆图预测涂层的相组成

表 4-12　各涂层的稀释率及其 Cr_{eq} 和 Ni_{eq}

项目	NV E690 粉末	316L 不锈钢粉末	C2-316L	C3-316LA	C3-316LB
稀释率/%	—	—	59.18	68.06	45.55
Cr_{eq}/%	1.12	20.54	9.04	7.87	12.50
Ni_{eq}/%	5.20	12.39	8.13	7.70	9.41

4.3.3　水下激光沉积再制造 316L 不锈钢耐蚀涂层宏观偏析机制

微熔池的高温度梯度诱发熔池的高表面张力梯度，形成强烈的马兰戈尼对流。当流体的雷诺数超过临界值 ($Re > Re_{cr}$) 时，边界层发生层流-湍流转变。雷诺数的定义为[66]

$$Re = \frac{D\rho u}{\mu} \tag{4-26}$$

式中，Re 为雷诺数；D 为特征长度；ρ 为流体密度；u 为流体速度；μ 为流体黏度。熔池的数值模拟和线检测相关的研究均表明熔池内流体速度一般低于 0.50 m/s[67,68]。假定熔池最高流速 $u = 1.0$ m/s，特征长度为熔池半径 $D = 0.004$ m。熔池的平均温度假定为 1900 K。316L 不锈钢在 1900 K 时的密度为 $\rho = 7006.5$ kg/m³，黏度为 $\mu = 0.0058$ Pa·s。熔池的低雷诺数 ($Re = 40.63$) 表明熔体的流动模式为层流。这一结果与数值模拟中的熔体为牛顿流体和层流的假设相一致[69]。式 (4-26) 中的 u 由马兰戈尼效应决定，马兰戈尼效应可通过马兰戈尼数表示[64]：

$$Ma = \frac{\mathrm{d}\sigma}{\mathrm{d}T} \frac{l\Delta T}{\mu\alpha} \tag{4-27}$$

式中，$\mathrm{d}\sigma/\mathrm{d}T$ 为熔池的表面张力梯度；ΔT 为局部温度差；l 为熔池沿扫描方向的长度；μ 为动力黏度；α 为材料的热扩散系数。熔池的低雷诺数($Re < 40.63$)和高马兰戈尼数($Ma > 2000$)表明层流熔融流体主要受表面张力驱动。

如图 4-37(a)所示，马兰戈尼效应与重力的耦合导致熔池横截面形成典型的圆形环流。马兰戈尼效应导致熔池底部纵截面上有一个反向分量(通常与激光扫描方向相反)。熔池内的强对流推动熔融基体进入熔池，导致异种金属互相混合，形成具有宏观偏析形貌(半岛、岛状和带状)的稀释涂层。如图 4-37(b)所示，NV E690 糊状区温度小于 316L 不锈钢糊状区温度。此外，NV E690 的固相线温度高于 316L 不锈钢的液相线温度，当 NV E690 完全凝固时 316L 不锈钢仍保持液态。当液相 NV E690 被向后推入 316L 不锈钢熔池的固液混合区时，高冷却速率致使熔融 NV E690 与 316L 不锈钢在充分混合前凝固，形成半岛或岛状宏观偏析形貌。这种宏观偏析现象在异种金属的焊接或熔覆中已有报道[62]。C3-316LA 层为被稀释的 316L 不锈钢涂层，因此，与 316L 不锈钢粉末相比，C3-316LA 层具有更高的液相线、固相线和更小的糊状区间隙(液：约 1488℃，固：约 1420℃)，从而缩短了凝固时间，减小了半岛状宏观偏析尺寸。因此，图 4-34(g)所示的半岛状宏观偏析远小于图 4-34(e)所示半岛状宏观偏析。

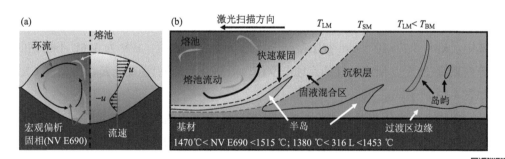

图 4-37 涂层宏观偏析的形成机制

(a)熔池横截面流动形态；(b)宏观偏析的形成机制；T_{LM} 为沉积层的液相线，T_{SM} 为沉积层的固相线，T_{BM} 为基材的液相线

(扫码获取彩图)

另外，当熔融 NV E690 被推向熔池中心时，NV E690 将再次被加热并与液相 316L 不锈钢混合。激光沉积再制造过程的高冷却速率($1\times10^3 \sim 1\times10^5$ K/s[14])使熔池内 NV E690 在充分混合前凝固为带状且贫合金元素的宏观偏析区，导致沉积层

出现局部的化学成分波动，如图 4-35 所示。相反，C3-316LA 层的带状宏观偏析带被重熔并与新沉积的 316L 不锈钢重新混合，显著缓解了 C3-316LB 层的宏观偏析现象。

4.3.4 水下激光沉积再制造耐蚀涂层腐蚀性能评估

1. 动电位极化曲线测试

采用动电位极化曲线研究水下激光沉积再制造修复试样和基材的极化行为，如图 4-38（a、b）所示。随着施加电压的增大，试样 C2 和试样 C3 依次呈现电流密度快速增加、缓慢增加和急剧增大的现象。在试样 C2 和试样 C3 的钝化区内均出现以短暂电流尖峰为特征的亚稳态点蚀。腐蚀电流密度（i_{corr}）可以通过阴极塔费尔斜率（β_a）或阳极塔费尔斜率（β_c）与腐蚀电位（E_{corr}）线的交点推断出来。根据美国材料试验协会 ASTM G102-89 标准[70]，合金的腐蚀速率可通过如下方法计算。

1g 合金的电子当量 Q 为

$$Q = \sum \frac{n_i f_i}{W_i} \tag{4-28}$$

式中，n_i、f_i 和 W_i 分别为合金中 i 元素的化合价、质量分数和原子量。基于法拉第定律可计算腐蚀速率（corrosion rate，CR）：

$$CR = K_1 \frac{i_{corr}}{\rho} EW \tag{4-29}$$

式中，$K_1 = 3.27 \times 10^{-3}$ mm·g/(μA·cm·a)；ρ 为合金的密度；EW 为 316L 不锈钢的等效重量（25.5）。所有试样的点蚀电位（E_{pit}）、钝化电流密度（i_p）、E_{corr}、i_{corr} 和 CR，如表 4-13 所示。

在动电位极化测试并去除腐蚀产物后，所有试样的表面形貌如图 4-39 所示。试样 C1 中大量的微点蚀表明阳极极化过程中组织结构发生了严重的腐蚀，而基材则呈现出较为光滑的腐蚀形貌，表明基材受到了均匀腐蚀。试样 C2 表面出现的缝隙状腐蚀和点蚀表明试样表面的局部耐蚀性差异较大。试样 C3 表面主要是点蚀，其边界呈胞状组织。

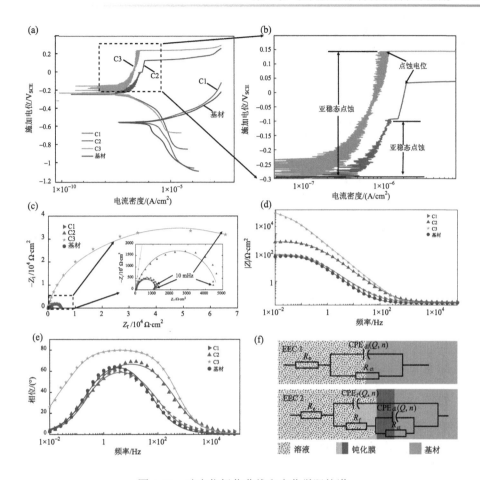

图 4-38　动电位极化曲线和电化学阻抗谱

(a) 动电位极化曲线；(b) 极化曲线的局部放大图；(c) Nyquist 图；(d) 频率-阻抗图；(e) 频率-相位图；(f) 电化学阻抗谱（EIS）拟合对应的等效电路，EEC2 为试样 C3，EEC1 为其他试样；$|Z|$ 为阻抗的模值，$-Z_i$ 为复阻抗的虚部，Z_r 为复阻抗的实部

表 4-13　所有试样的点蚀电位（E_{pit}）、钝化电流密度（i_p）、腐蚀电位（E_{corr}）、腐蚀电流密度（i_{corr}）和腐蚀速率（CR）

试样	C1	C2	C3	基材
E_{pit}/mV$_{SCE}$	—	32.05	143.46	—
E_{corr}/mV$_{SCE}$	−637.34	−331.71	−320.29	−620.73
i_{corr}/(μA/cm^2)	4.11	0.48	0.38	1.13
i_p/(μA/cm^2)	—	2.76	1.55	—
CR/(μm/a)	48.89	5.37	4.18	13.16

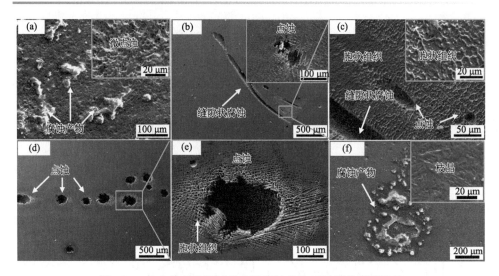

图 4-39 动电位极化测试并去除腐蚀产物后试样的腐蚀形貌

(a)试样 C1 的腐蚀形貌；(b)试样 C2 的缝隙状腐蚀和点蚀；(c)(b)图的局部放大图；(d)试样 C3 的点蚀形貌；(e)(d)图的局部放大图；(f)基材的腐蚀形貌

2. 电化学阻抗谱测试

如图 4-38(c、d)所示，采用电化学阻抗谱(electrochemical impedance spectroscopy，EIS)表征金属/溶液的界面性质。所有试样的 Nyquist 图都呈现出容抗弧，表明金属/溶液界面呈电容性。低频阻抗模量依次为 C3 > C2 > C1≈基材。试样 C3 在中频区呈现平台曲线，而其他试样的频率-相位分布呈现单峰分布，表明试样 C3 和其他试样的金属/溶液界面的电化学响应分别包含双时间常数和单时间常数，如图 4-38(e)所示。因此，如图 4-38(f)所示，采用包含单常相位元件(constant phase element，CPE)的等效电路 1(equivalent electrical circuit 1，EEC1)表示无钝化膜的金属/溶液界面；采用包含双常相位元件的等效电路 2(equivalent electrical circuit 2，EEC2)表示具有钝化膜的金属/溶液界面。在试样 C3 上形成的钝化膜被认为是双层结构：多孔的外层和相对致密的内层。R_e、R_{ct} 和 CPE_{dl} 分别表示溶液电阻、电荷转移电阻和金属/溶液界面处双电层的电化学响应；R_f 表示钝化膜的电阻，CPE_f 是与钝化膜电容有关的电化学响应。EIS 的拟合参数见表 4-14。

表 4-14　EIS 拟合参数

试样	R_e /$(\Omega\cdot cm^2)$	CPE$_{dl}$		R_{ct}/$(k\Omega\cdot cm^2)$	CPE$_f$		R_f/$(k\Omega\cdot cm^2)$	χ^2/10^{-3}
		Q/$(10^{-4}\Omega^{-1}\cdot cm^{-2}\cdot s^{-n})$	n		Q/$(10^{-4}\Omega^{-1}\cdot cm^{-2}\cdot s^{-n})$	n		
基材	12.30 ± 0.36	7.20 ± 0.32	0.85 ± 0.01	1.20 ± 0.14	—	—	—	8.21 ± 0.54
C1	11.43 ± 0.16	5.90 ± 0.27	0.77 ± 0.03	1.38 ± 0.15	—	—	—	6.36 ± 0.33
C2	13.45 ± 0.11	1.42 ± 0.47	0.80 ± 0.01	4.68 ± 0.19	—	—	—	11.24 ± 1.38
C3	12.40 ± 0.02	2.11 ± 0.09	0.87 ± 0.13	32.37 ± 0.97	0.59 ± 0.01	0.90 ± 0.01	62.73 ± 0.21	8.67 ± 0.92

注：χ^2 表示卡方，数值越小，拟合的精度越高，一般数值小于 0.01 即可认为拟合结果较好。

3. 基于图解法校正电化学阻抗谱

电化学阻抗谱数据可以用等效电路拟合。然而，等效电路仅仅是在数学上对阻抗数据进行重现，掩盖了系统的物理电化学性质。此外，对于具有欧姆或电解质电阻的电化学系统，频散效应会在高频处扭曲界面的电化学响应[71]。因此，使用传统的 Bode 图中的频率-相位表示法无法清晰地展现电极表面高频行为，也就无法准确估计常相元件参数。在本节中，使用图解法来克服溶液电阻，获得更准确的 CPE 参数 (Q, n)。根据图解法，通过克服溶液电阻的影响，EIS 数据的相位模量和阻抗模量可修正为[72]

$$\phi_{adj} = \arctan\left(\frac{Z_i}{Z_r - R_e}\right) \tag{4-30}$$

$$|Z|_{adj} = \sqrt{(Z_r - R_e)^2 + Z_i^2} \tag{4-31}$$

其中，ϕ_{adj} 为校正相位；Z_i 为阻抗的虚部分量；Z_r 为阻抗的实部分量。在高频区域，CPE 参数 n 和 Q 可从 f-Z_i 的对数图中求得：

$$n = \left|\frac{d\log|Z_i|}{d\log f}\right| \tag{4-32}$$

$$Q = \sin\left(\frac{n\pi}{2}\right)\frac{-1}{Z_i\,\omega^n} \tag{4-33}$$

式中，ω 为电化学阻抗谱所施加正弦波的角频率。

如图 4-40(a) 所示，校正后 EIS 显示试样 C1、试样 C2 和基材的相位角随着频率的增加呈现出相似的波动曲线，而试样 C3 具有更大的相位角。虚部阻抗-频率图可用于区分由时间常数连续分布引起和由多个紧密堆叠但时间常数离散的电

化学过程所导致的容抗弧特征。校正阻抗($|Z|_{adj}$)与频率f、CPE参数n和Q随频率f的对数关系如图4-40(b~d)和表4-15所示。试样C1、试样C2和基材的n和Q随频率变化很大,而试样C3的n和Q则保持稳定。与其他试样相比,试样C3具有最大的相位角和n值以及最小的Q值,表明其在溶液/金属界面处具有更好的电容性。因此,基材、试样C1和C2呈现出显著的频散现象(CPE参数随频率变化程度)。相反,试样C3通过形成致密的钝化膜抑制了频散现象,说明钝化膜可以稳定溶液/电极界面的电化学响应。根据修正后的EIS,可以更为准确地估计钝化膜的厚度。

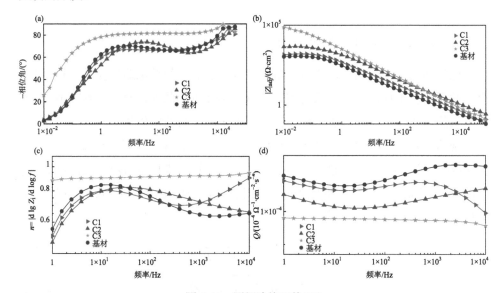

图4-40 图解法校正的EIS

(a)校正相位角与频率的关系;(b)虚部阻抗与频率的关系;(c、d)n值和Q值随频率的变化

表4-15 CPE参数n和Q

CPE参数	C1	C2	C3	基材
n	0.746 ± 0.077	0.731 ± 0.083	0.911 ± 0.014	0.718 ± 0.084
$Q/(10^{-4}\Omega^{-1}\cdot cm^{-2}\cdot s^{-n})$	5.28 ± 1.95	2.37 ± 1.08	0.56 ± 0.065	14.07 ± 7.53

4. 耐蚀涂层表面的钝化膜性质

试样C3表面形成了致密的钝化膜,这有效地阻挡了电解液中腐蚀性离子入侵,显著降低了基体的溶解速率。因此,试样C3具有最佳的耐腐蚀性能。通常

情况下，钝化膜由氧化物组成并呈现出半导体特性。在外部电压的作用下，钝化膜可有效地阻隔电荷转移，形成空间电荷层。因此，合金表面的钝化膜可认为是一个赝电容，根据不同的理论假设，基于 EIS 数据及其等效电路，钝化膜的效电容 (C_{eff}) 可采用五种方法来评估。

方法 I：直接采用常相位原件的参数 Q 代替 C_{eff}：

$$C_{\text{eff}} = Q \tag{4-34}$$

方法 II：假设等效电路由多个相互并联且具有不同时间常数的 RC 电路组成，RC 电路沿钝化膜表面平行分布，此时 C_{eff}[73]：

$$C_{\text{eff}} = Q^{\frac{1}{n}} (R_{\text{e}}^{-1} + R_{\text{p}}^{-1})^{\frac{n-1}{n}} \tag{4-35}$$

方法 III：假设等效电路由多个串联且具有不同时间常数的 RC 电路组成，RC 电路沿垂直于钝化膜表面方向分布，此时的 C_{eff}[74,75]：

$$C_{\text{eff}} = Q^{\frac{1}{n}} R_{\text{f}}^{\frac{1-n}{n}} \tag{4-36}$$

方法 IV：采用 PLM 模型（power law model，PLM），在方法 III 等效电路的基础上，通过引入电阻率、介电常数和钝化膜厚度等物性参数预估 C_{eff}[76]：

$$C_{\text{eff}} = g Q (\rho_{\text{d}} \varepsilon \varepsilon_0)^{1-n} \tag{4-37}$$

$$g = 1 + 2.88(1-n)^{2.375} \tag{4-38}$$

其中，ε 为相对介电常数（12.0[77]）；ε_0 为真空介电常数（8.85×10⁻¹² F/m）；ρ_{d} 为氧化膜/溶液界面处的电阻率（450 Ω·cm）[77]。

方法 V：基于修正后的 EIS 数据，通过建立合金/溶液界面电容的科尔-科尔图来估算 C_{eff}。界面电容 $[C(w)_{\text{adj}}]$ 的实部 (C_{r}) 和虚部 $(-C_{\text{i}})$ 可表示为

$$C_{\text{r}} = \frac{-Z_{\text{i}}}{2\pi f [Z_{\text{i}}^2 + (Z_{\text{r}} - R_{\text{e}})^2]} \tag{4-39}$$

$$-C_{\text{i}} = \frac{Z_{\text{r}} - R_{\text{e}}}{2\pi f [Z_{\text{i}}^2 + (Z_{\text{r}} - R_{\text{e}})^2]} \tag{4-40}$$

C_{eff} 可被视为高频电容 (C_{∞}) 的实部，如图 4-41 所示。

假设钝化膜为一个平板电容器，钝化膜的厚度 (d) 可视为两平板间的距离[78]：

$$d = \frac{\varepsilon \varepsilon_0}{C_{\text{eff}}} \tag{4-41}$$

基于上述方法，计算得出的 C_{eff} 和 d 见表 4-16。

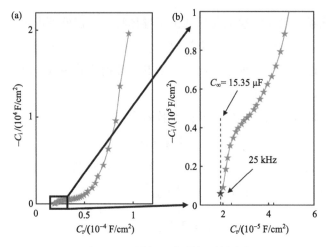

图 4-41　试样 C3 的科尔-科尔图

表 4-16　基于试样 C3 的电化学阻抗谱估算 C_{eff} 和 d

方法	C_{eff}/ $(10^{-5}\ F/cm^2)$	d/nm
方法 I	5.55 ± 0.65	0.19 ± 0.03
方法 II	2.71 ± 0.14	0.39 ± 0.02
方法 III	3.34 ± 0.91	0.34 ± 0.09
方法 IV	0.84 ± 0.14	1.30 ± 0.25
方法 V	1.54	0.69

　　基于上述方法，所估计的钝化膜厚范围为 $(0.34\pm0.09)\,nm \sim (1.30\pm0.25)\,nm$，略低于不锈钢常见的钝化膜厚度（$1\sim3\ nm^{[79]}$）。X 射线光电子能谱（XPS）结果表明，试样 C3 上的钝化膜主要元素为 Fe、Cr 和 O。根据 Shirley 理论去除基线，对 XPS 图谱的 $Fe2p_{3/2}$、$Cr2p_{3/2}$ 和 O1s 峰进行反卷积。如图 4-42 所示，$Fe2p_{3/2}$ 的峰可反卷积为 Fe^0（707.0 eV）、FeO（709.4 eV）、Fe_2O_3（710.8 eV）和 FeOOH（711.8 eV）四个峰。注意，Fe_3O_4 被认为是 $Fe_2O_3\cdot FeO$。类似地，Cr 以 Cr^0（574.3 eV）、Cr_2O_3（576.5eV）和 $Cr(OH)_3$（577.4 eV）的形式存在于钝化膜中。O^{2-}（530.2 eV）和 OH^-（531.7 eV）构成 O1s 峰。

4.3.5　水下激光沉积再制造耐蚀涂层组织特征对腐蚀行为的影响

　1. 宏观偏析对腐蚀性能的影响

　　试样 C2 的 316L 不锈钢涂层具有较低的 Cr 含量和界面阻抗，表明其表面未形成连续且致密的钝化膜。带状宏观偏析在沉积层呈现出化学成分波动。当沉积层表面浸泡在腐蚀性溶液中时，局部区域的化学成分差异会导致电极上的阳极电流密度和阴极电流密度不平衡，从而形成局部区域的自催化电偶腐蚀。根据电偶腐蚀的溶解动力学[80]，电偶腐蚀电流密度(i_g)与阴极和阳极的面积比($k = A_2/A_1$)服从如下关系：

$$\frac{\partial \ln i_g}{\partial \ln\left(\frac{A_2}{A_1}\right)} = \frac{\beta_{c2}}{\beta_{a1} + \beta_{c2}}\frac{A_1}{A_2} \tag{4-42}$$

式中，β_{a1} 和 β_{c2} 分别为阳极塔费尔斜率和阴极塔费尔斜率。由式(4-42)可知，面积比(k)的增大会增加阳极电极的腐蚀速率。富含 NV E690 的区域作为阳极，富含 316L 不锈钢的区域作为阴极。由于试样 C2 中 NV E690 富集区所占的面积远小于 316L 不锈钢富集区，因此宏观偏析区呈现出显著的局部优先溶解，如图 4-43 所示。在活性溶解阶段，在 Fe^{2+} 水解(靠近阳极)和 O_2 还原(靠近阴极)区域分别发生局部酸化和碱化。因此，Cl^- 在电场作用下迁移到阳极附近(宏观偏析区)以保持电中性。Cl^- 在阳极的聚集进一步促进了阳极的水解[81]。这种自催化阳极溶解过程导致了宏观偏析区优先腐蚀。

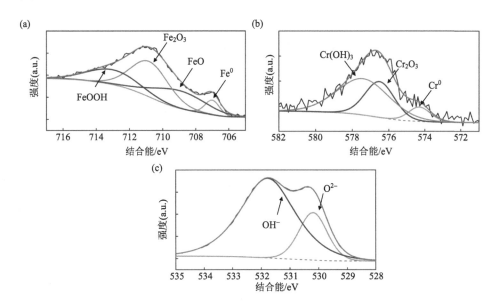

图 4-42　试样 C3 上形成钝化膜的 XPS 图谱

(a) Fe2p$_{3/2}$;　(b) Cr2p$_{3/2}$;　(c) O1s

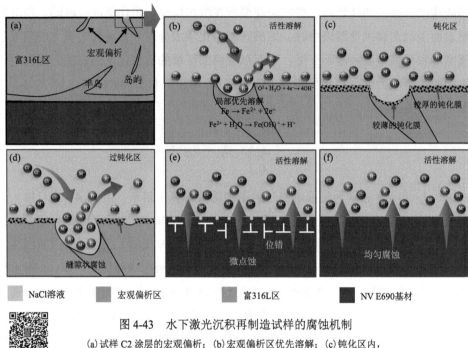

NaCl溶液　　宏观偏析区　　富316L区　　NV E690基材

图 4-43　水下激光沉积再制造试样的腐蚀机制

(a)试样 C2 涂层的宏观偏析；(b)宏观偏析区优先溶解；(c)钝化区内，试样 C2 上形成钝化膜；(d)过钝化区内形成缝隙状腐蚀；(e)试样 C1 形成微点蚀；(f)基材表面形成均匀腐蚀

（扫码获取彩图）

　　如图 4-43(c)所示，随着外加电压的增大，试样 C2 表面形成钝化膜，在钝化区内，电流密度保持相对稳定。此外，由于合金表面缺陷和夹杂处的局部溶解，将导致钝化区内发生以短暂电流尖峰为特征的亚稳态点蚀[82]。随着外加电压的进一步增大，宏观偏析区的钝化膜被优先溶解，导致电流密度爆发性增长，形成局部的缝隙状腐蚀形貌，如图 4-39 和图 4-43 所示。

　　试样 C3 的 316LB 层具有较高的 Cr 含量(10.0%)和较为轻微的宏观偏析组织。钝化膜可降低阳极电流和阻挡阴离子(Cl⁻)的入侵。因此，与试样 C2 相比，试样 C3 具有较低的电流密度和较高的点蚀电位。当外加电压超过点蚀电位时，在自催化点蚀作用下，点蚀开始成核并生长，如图 4-39 和图 4-43 所示。

　　2. 微观组织对腐蚀性能的影响

　　在 3.5% NaCl 溶液中，钢的阳极反应以铁的氧化为主导，可以表示为：$Fe \rightarrow Fe^{2+} + 2e^-$。基体和试样 C1 的动电位极化曲线相似（图 4-38），可能是由于它们的化学成分和表面条件(如粗糙度、形貌、化学分布等)相似。虽然两种试样的晶粒尺寸和位错密度不同，但它们的组成和环境因素对低合金高强钢的电化学过程更为重要。阴极反应以氧的还原反应为主导，可表示为：$O_2 + 2H_2O + 4e^- \rightarrow 4OH^-$。试样 C1 晶粒尺寸较小，晶界较多，容易形成位错，从而具有更多的化学活性位点，促进阴极反应，进而增强阴极极化电流密度。此外，基材的晶粒尺寸较大，阻碍了阴极反应产物的扩散和输运，从而降低了阴极极化电流密度，如图 4-38 所示。试样 C1 的化学非均匀性促进了点蚀的形成。因此，在动电位极化测试过程中，试样 C1 出现了大量的微点蚀，而基材的组织各向同性，在动电位极化测试过程中形成均匀腐蚀。

4.3.6 水下激光沉积再制造制备耐蚀涂层启示

尽管 UDMD 技术能够在水下环境中原位沉积耐蚀涂层，但异种金属熔合过程中的稀释效应和宏观偏析现象会降低涂层的抗腐蚀性能。基于本节对稀释效应和宏观偏析现象的机制的分析可知，降低热输入或多层沉积可以显著缓解上述问题。例如，采用极高速率激光沉积或准连续波模式激光进行多层沉积[83,84]。

形成保护性的钝化膜是实现抗腐蚀表面的前提，这与钝化膜的连续性、成膜能力和稳定性三个主要属性密切相关[85]。钝化膜连续性：激光沉积涂层在夹杂物、非均匀结构、微缺陷的非理想合金特性。虽然夹杂物和第二相颗粒可提高合金力学性能，但同时可导致合金表面出现非连续性钝化膜。在水下激光沉积再制造修复过程中，通过使用高纯度惰性气体作为排水气，可以避免氧化诱导夹杂物的产生。LSF 点蚀框架(Li, Scully, and Frankel pitting framework)指出，蚀坑稳定性由 $i_{diss, max}$ 和 $i_{diff, cr}$ 的竞争决定 ($i_{diss, max}$ 表示点蚀坑内的最大溶解电流密度，$i_{diff, cr}$ 表示点蚀坑的临界扩散电流密度)，所有夹杂物应小于临界尺寸(r_{cr})以抑制蚀坑从亚稳态向稳定生长的转变[86]。因此，小于 r_{cr} 的夹杂物可以获得更好的耐腐蚀性能。

钝化膜成膜能力和稳定性：成膜能力可视为钝化膜破损后的自修复能力，与亚稳态点蚀中的再钝化过程密切相关。钝化膜稳定性是指钝化膜抵抗恶劣物理化学环境的固有属性。通常，钝化膜的成膜能力和稳定性与合金的组成有关。根据 Marcus 模型[87]，合金的钝化能力取决于两个基本性质：氧或 OH^- 之间的化学吸附键强度$[\Delta H_{ads}(ox)]$以及通过破坏金属-金属(M-M)键将氧或 OH^- 覆盖层转变为三维氧化层(ε_{M-M})。因此，具有高 $\Delta H_{ads}(ox)$ 和低 ε_{M-M} 的元素(如 Al、Ti、Cr)被认为更易于打破 M-M 键形成氧化层，而具有高 $\Delta H_{ads}(ox)$ 和高 ε_{M-M} 的元素(如 Mo、Nb、Ta、W)可以增加化学活化能壁垒，降低合金的溶解速率。因此，增加合金中 Al、Ti、Cr 的含量可以提升合金的成膜能力，增加 Mo、Nb、Ta、W 的含量则可提高钝化膜的稳定性。

参 考 文 献

[1] Rodrigues T A, Duarte V, Avila J A, et al. Wire and arc additive manufacturing of HSLA steel: Effect of thermal cycles on microstructure and mechanical properties[J]. Additive Manufacturing, 2019, 27: 440-450.

[2] Sun G F, Zhou R, Lu J Z, et al. Evaluation of defect density, microstructure, residual stress, elastic modulus, hardness and strength of laser-deposited AISI 4340 steel[J]. Acta Materialia, 2015, 84: 172-189.

[3] Zhou Y, Chen S Y, Chen X T, et al. The evolution of bainite and mechanical properties of direct laser deposition $12CrNi_2$ alloy steel at different laser power[J]. Materials Science and Engineering: A, 2019, 742: 150-161.

[4] Kissinger H E. Reaction kinetics in differential thermal analysis[J]. Analytical Chemistry, 1957, 29(11): 1702-1706.

[5] Ravi A M, Sietsma J, Santofimia M J. Bainite formation kinetics in steels and the dynamic nature of the autocatalytic nucleation process[J]. Scripta Materialia, 2017, 140: 82-86.

[6] Hu Y L, Lin X, Lu X F, et al. Evolution of solidification microstructure and dynamic recrystallisation of Inconel 625 during laser solid forming process[J]. Journal of Materials Science, 2018, 53(22): 15650-15666.

[7] Duch J E, Dupont J N. Effect of multiple weld thermal cycles on HSLA-100 steel[J]. Welding Journal, 2019, 98(3): 88-98.

[8] Wen Y R, Li Y P, Hirata A, et al. Synergistic alloying effect on microstructural evolution and mechanical properties of Cu precipitation-strengthened ferritic alloys[J]. Acta Materialia, 2013, 61(20): 7726-7740.

[9] Ghosh A, Mishra B, Das S, et al. Structure and properties of a low carbon Cu bearing high strength steel[J]. Materials Science and Engineering: A, 2005, 396(1/2): 320-332.

[10] Huang D Y, Yan J C, Zuo X W. Co-precipitation kinetics, microstructural evolution and interfacial segregation in multicomponent nano-precipitated steels[J]. Materials Characterization, 2019, 155: 109786.

[11] Ghosh A S, Mishra B, Das S, et al. Microstructure, properties, and age hardening behavior of a thermomechanically processed ultralow-carbon Cu-bearing high-strength steel [J]. Metallurgical and Materials Transactions A, 2005, 36: 703-713.

[12] Chen Y B, Feng J C, Li L Q, et al. Microstructure and mechanical properties of a thick-section high-strength steel welded joint by novel double-sided hybrid fibre laser-arc welding[J].

Materials Science and Engineering: A, 2013, 582: 284-293.

[13] Zhang X K, Loannidou C, ten Brink G H, et al. Microstructure, precipitate and property evolution in cold-rolled Ti-V high strength low alloy steel[J]. Materials & Design, 2020, 192: 108720.

[14] Kong D C, Dong C F, Ni X Q, et al. Corrosion of metallic materials fabricated by selective laser melting[J]. NPJ Materials Degradation, 2019, 3: 24.

[15] Liu P W, Wang Z, Xiao Y H, et al. Insight into the mechanisms of columnar to equiaxed grain transition during metallic additive manufacturing[J]. Additive Manufacturing, 2019, 26: 22-29.

[16] Wei H L, Mazumder J, DebRoy T. Evolution of solidification texture during additive manufacturing[J]. Scientific Reports, 2015, 5: 16446.

[17] Kwak K, Mayama T, Mine Y, et al. Anisotropy of strength and plasticity in lath martensite steel[J]. Materials Science and Engineering: A, 2016, 674: 104-116.

[18] Kürnsteiner P, Wilms M B, Weisheit A, et al. High-strength Damascus steel by additive manufacturing[J]. Nature, 2020, 582(7813): 515-519.

[19] Ma X P, Wang L J, Qin B, et al. Effect of N on microstructure and mechanical properties of $16Cr_5Ni_1Mo$ martensitic stainless steel[J]. Materials & Design, 2012, 34: 74-81.

[20] Feng H, Jiang Z H, Li H B, et al. Influence of nitrogen on corrosion behaviour of high nitrogen martensitic stainless steels manufactured by pressurized metallurgy[J]. Corrosion Science, 2018, 144: 288-300.

[21] Jiang Z H, Li H B, Chen Z P, et al. The nitrogen solubility in molten stainless steel[J]. Steel Research International, 2005, 76(10): 740-745.

[22] Feng H, Li H B, Li X Z, et al. Nitrogen solubility and gas nitriding kinetics in Fe–Cr–Mo–C alloy melts under pressurized atmosphere[J]. ISIJ International, 2022, 62(6): 1049-1060.

[23] Satir-Kolorz A H, Feichtinger H K. On the solubility of nitrogen in liquid iron and steel alloys using elevated pressure[J]. International Journal of Materials Research, 1991, 82(9): 689-697.

[24] Ito K, Amano K, Sakao H. Kinetic study on nitrogen absorption and desorption of molten iron[J]. Transactions of the Iron and Steel Institute of Japan, 1988, 28: 41-48.

[25] Wada H, Pehlke R D. Nitrogen solubility and nitride formation in austenitic Fe-Ti alloys[J]. Metallurgical Transactions B, 1985, 16(4): 815-822.

[26] Narita K. Physical chemistry of the groups IVa (Ti, Zr), va (V, Nb, Ta) and the rare earth elements in steel[J]. Transactions of the Iron and Steel Institute of Japan, 1975, 15(3): 145-152.

[27] Yan W, Shan Y Y, Yang K. Effect of TiN inclusions on the impact toughness of low-carbon microalloyed steels[J]. Metallurgical and Materials Transactions A, 2006, 37(7): 2147-2158.

[28] Fernández J, Illescas S, Guilemany J M. Effect of microalloying elements on the austenitic grain growth in a low carbon HSLA steel[J]. Materials Letters, 2007, 61(11/12): 2389-2392.

[29] Voorhees P W. The theory of Ostwald ripening[J]. Journal of Statistical Physics, 1985, 38(1): 231-252.

[30] Moon J, Lee C, Uhm S, et al. Coarsening kinetics of TiN particle in a low alloyed steel in weld HAZ: Considering critical particle size[J]. Acta Materialia, 2006, 54(4): 1053-1061.

[31] Lifshitz I M, Slyozov V V. The kinetics of precipitation from supersaturated solid solutions[J]. Journal of Physics and Chemistry of Solids, 1961, 19(1/2): 35-50.

[32] Tian Q R, Wang G C, Shang D L, et al. *In situ* observation of the precipitation, aggregation, and dissolution behaviors of TiN inclusion on the surface of liquid GCr15 bearing steel[J]. Metallurgical and Materials Transactions B, 2018, 49(6): 3137-3150.

[33] Peart R F. Diffusion of V48 and Fe59 in vanadium[J]. Journal of Physics and Chemistry of Solids, 1965, 26(12): 1853-1861.

[34] Pandit A, Murugaiyan A, Podder A S, et al. Strain induced precipitation of complex carbonitrides in Nb–V and Ti–V microalloyed steels[J]. Scripta Materialia, 2005, 53(11): 1309-1314.

[35] Wang Z D, Sun G F, Chen M Z, et al. Investigation of the underwater laser directed energy deposition technique for the on-site repair of HSLA-100 steel with excellent performance[J]. Additive Manufacturing, 2021, 39: 101884.

[36] Wang Z D, Yang K, Chen M Z, et al. High-quality remanufacturing of HSLA-100 steel through the underwater laser directed energy deposition in an underwater hyperbaric environment[J]. Surface and Coatings Technology, 2022, 437: 128370.

[37] Sun G F, Yao S, Wang Z D, et al. Microstructure and mechanical properties of HSLA-100 steel repaired by laser metal deposition[J]. Surface and Coatings Technology, 2018, 351: 198-211.

[38] Xia M, Sreenivasan N, Lawson S, et al. A comparative study of formability of diode laser welds in DP980 and HSLA steels[J]. Journal of Engineering Materials and Technology, 2007, 129(3): 446-452.

[39] Saha D C, Westerbaan D, Nayak S S, et al. Microstructure-properties correlation in fiber laser welding of dual-phase and HSLA steels[J]. Materials Science and Engineering: A, 2014, 607: 445-453.

[40] Zhang S W, Sun J H, Zhu M H, et al. Fiber laser welding of HSLA steel by autogenous laser welding and autogenous laser welding with cold wire methods[J]. Journal of Materials Processing Technology, 2020, 275: 116353.

[41] Oyyaravelu R, Kuppan P, Arivazhagan N. Comparative study on metallurgical and mechanical properties of laser and laser-arc-hybrid welding of HSLA steel[J]. Materials Today: Proceedings, 2018, 5(5): 12693-12705.

[42] Parkes D, Xu W, Westerbaan D, et al. Microstructure and fatigue properties of fiber laser welded dissimilar joints between high strength low alloy and dual-phase steels[J]. Materials & Design, 2013, 51: 665-675.

[43] Oyyaravelu R, Kuppan P, Arivazhagan N. Metallurgical and mechanical properties of laser welded high strength low alloy steel[J]. Journal of Advanced Research, 2016, 7(3): 463-472.

[44] Sun G F, Wang Z D, Lu Y, et al. Investigation on microstructure and mechanical properties of NV E690 steel joint by laser-MIG hybrid welding[J]. Materials & Design, 2017, 127: 297-310.

[45] Hosseini Far A R, Mousavi Anijdan S H, Abbasi S M. The effect of increasing Cu and Ni on a significant enhancement of mechanical properties of high strength low alloy, low carbon steels of HSLA-100 type[J]. Materials Science and Engineering: A, 2019, 746: 384-393.

[46] Show B K, Veerababu R, Balamuralikrishnan R, et al. Effect of vanadium and titanium modification on the microstructure and mechanical properties of a microalloyed HSLA steel[J]. Materials Science and Engineering: A, 2010, 527(6): 1595-1604.

[47] Abbasi S, Esmailian M, Ahangarani S. The influence of the microalloying elements of HSLA steel on the microstructure and mechanical properties[J]. Materiali in Tehnologije, 2010, 44: 343-347.

[48] Pereira A, Riveiro E, Martínez J, et al. Machinability of high-strength low-alloy steel D38MSV5S forged crankshafts[J]. Archives of Mechanical Technology and Automation, 2014, 34: 45-57.

[49] Das S, Ghosh A, Chatterjee S, et al. The effect of cooling rate on structure and properties of a HSLA forging[J]. Scripta Materialia, 2003, 48(1): 51-57.

[50] Ghosh A, Das S, Chatterjee S, et al. Effect of cooling rate on structure and properties of an ultra-low carbon HSLA-100 grade steel[J]. Materials Characterization, 2006, 56(1): 59-65.

[51] Najafi H, Rassizadehghani J, Halvaaee A. Mechanical properties of as cast microalloyed steels containing V, Nb and Ti[J]. Materials Science and Technology, 2007, 23(6): 699-705.

[52] Najafi H, Rassizadehghani J. Effects of vanadium and titanium on mechanical properties of low carbon as cast microalloyed steels[J]. International Journal of Cast Metals Research, 2006, 19(6): 323-329.

[53] Najafi H, Rassizadehghani J, Norouzi S. Mechanical properties of as-cast microalloyed steels produced *via* investment casting[J]. Materials & Design, 2011, 32(2): 656-663.

[54] Povoden-Karadeniz E, Kozeschnik E. Simulation of precipitation kinetics and precipitation strengthening of B2-precipitates in martensitic PH 13–8 Mo steel[J]. ISIJ International, 2012, 52(4): 610-615.

[55] Yu Q, Qi L, Tsuru T, et al. Metallurgy. Origin of dramatic oxygen solute strengthening effect in titanium[J]. Science, 2015, 347(6222): 635-639.

[56] Ardell A J. Precipitation hardening[J]. Metallurgical Transactions A, 1985, 16(12): 2131-2165.

[57] Kim S D, Park S J, Jang J H, et al. Strain hardening recovery mediated by coherent precipitates in lightweight steel[J]. Scientific Reports, 2021, 11(1): 14468.

[58] Saeedi M R, Morovvati M R, Alizadeh-Vaghasloo Y. Experimental and numerical study of mode-I and mixed-mode fracture of ductile U-notched functionally graded materials[J].

International Journal of Mechanical Sciences, 2018, 144: 324-340.

[59] Havner K S. On the onset of necking in the tensile test[J]. International Journal of Plasticity, 2004, 20(4/5): 965-978.

[60] Morris J W Jr, Lee C S, Guo Z. The nature and consequences of coherent transformations in steel[J]. ISIJ International, 2003, 43(3): 410-419.

[61] Li J R, Zhang C L, Jiang B, et al. Effect of large-size M23C6-type carbides on the low-temperature toughness of martensitic heat-resistant steels[J]. Journal of Alloys and Compounds, 2016, 685: 248-257.

[62] Soysal T, Kou S, Tat D, et al. Macrosegregation in dissimilar-metal fusion welding[J]. Acta Materialia, 2016, 110: 149-160.

[63] Liu G L, Yang S W, Ding J W, et al. Formation and evolution of layered structure in dissimilar welded joints between ferritic-martensitic steel and 316L stainless steel with fillers[J]. Journal of Materials Science & Technology, 2019, 35(11): 2665-2681.

[64] Tan C L, Zhang X Y, Dong D D, et al. *In-situ* synthesised interlayer enhances bonding strength in additively manufactured multi-material hybrid tooling[J]. International Journal of Machine Tools and Manufacture, 2020, 155: 103592.

[65] Kotecki D, Siewert T. WRC-1992 constitution diagram for stainless steel weld metals: A modification of the WRC- 1988 diagram [J]. Welding Research Supplement, 1992, 71: 171-178.

[66] Purcell E. Life at low Reynolds number [J]. American Journal of Physics, 1977, 45: 3-11.

[67] Wirth F, Arpagaus S, Wegener K. Analysis of melt pool dynamics in laser cladding and direct metal deposition by automated high-speed camera image evaluation[J]. Additive Manufacturing, 2018, 21: 369-382.

[68] Song B X, Yu T B, Jiang X Y, et al. Development of the molten pool and solidification characterization in single bead multilayer direct energy deposition[J]. Additive Manufacturing, 2022, 49: 102479.

[69] Bayat M, Nadimpalli V K, Biondani F G, et al. On the role of the powder stream on the heat and fluid flow conditions during directed energy deposition of maraging steel—multiphysics modeling and experimental validation[J]. Additive Manufacturing, 2021, 43: 102021.

[70] ASTM International. Standard Practice for Calculation of Corrosion Rates and Related Information from Electrochemical Measurements[S]. Philadelphia: ASTM Committee, 2015.

[71] Gharbi O, Dizon A, Orazem M E, et al. From frequency dispersion to ohmic impedance: A new insight on the high-frequency impedance analysis of electrochemical systems[J]. Electrochimica Acta, 2019, 320: 134609.

[72] Orazem M E, Pébère N, Tribollet B. Enhanced graphical representation of electrochemical impedance data[J]. Journal of the Electrochemical Society, 2006, 153(4): B129.

[73] Brug G J, van den Eeden A L G, Sluyters-Rehbach M, et al. The analysis of electrode

impedances complicated by the presence of a constant phase element[J]. Journal of Electroanalytical Chemistry and Interfacial Electrochemistry, 1984, 176(1/2): 275-295.

[74] Hsu C H, Mansfeld F. *Technical note*: Concerning the conversion of the constant phase element parameter Y_0 into a capacitance[J]. Corrosion, 2001, 57(9): 747-748.

[75] Hirschorn B, Orazem M E, Tribollet B, et al. Determination of effective capacitance and film thickness from constant-phase-element parameters[J]. Electrochimica Acta, 2010, 55(21): 6218-6227.

[76] Hirschorn B, Orazem M, Tribollet B, et al. Constant-phase-element behavior caused by resistivity distributions in films[J]. Journal of the Electrochemical Society, 2010, 157(12): C452.

[77] Hirschorn B, Orazem M, Tribollet B, et al. Constant-phase-element behavior caused by resistivity distributions in films[J]. Journal of the Electrochemical Society, 2010, 157(12): C458.

[78] Orazem M E, Frateur I, Tribollet B, et al. Dielectric properties of materials showing constant-phase-element (CPE) impedance response[J]. Journal of the Electrochemical Society, 2013, 160(6): C215-C225.

[79] Cui Z Y, Wang L W, Ni H T, et al. Influence of temperature on the electrochemical and passivation behavior of 2507 super duplex stainless steel in simulated desulfurized flue gas condensates[J]. Corrosion Science, 2017, 118: 31-48.

[80] Florian M. Area relationships in galvanic corrosion[J]. CORROSION, 1971, 27(10): 436-442.

[81] Wang L W, Wang X H, Cui Z Y, et al. Effect of alternating voltage on corrosion of X80 and X100 steels in a chloride containing solution–Investigated by AC voltammetry technique[J]. Corrosion Science, 2014, 86: 213-222.

[82] Punckt C, Bölscher M, Rotermund H H, et al. Sudden onset of pitting corrosion on stainless steel as a critical phenomenon[J]. Science, 2004, 305(5687): 1133-1136.

[83] Xu X, Lu H F, Su Y Y, et al. Comparing corrosion behavior of additively manufactured Cr-rich stainless steel coating between conventional and extreme high-speed laser metal deposition[J]. Corrosion Science, 2022, 195: 109976.

[84] Xiao H, Li S M, Han X, et al. Laves phase control of Inconel 718 alloy using quasi-continuous-wave laser additive manufacturing[J]. Materials & Design, 2017, 122: 330-339.

[85] Li T S, Wu J, Frankel G S. Localized corrosion: Passive film breakdown *vs.* pit growth stability, part VI: pit dissolution kinetics of different alloys and a model for pitting and repassivation potentials[J]. Corrosion Science, 2021, 182: 109277.

[86] Li T S, Scully J, Frankel G. Erratum: localized corrosion: passive film breakdown *vs* pit growth stability: part III. A unifying set of principal parameters and criteria for pit stabilization and salt film formation[J]. Journal of the Electrochemical Society, 2018, 165(11): C762-C770.

[87] Marcus P. On some fundamental factors in the effect of alloying elements on passivation of alloys[J]. Corrosion Science, 1994, 36(12): 2155-2158.

第 **5** 章

水下激光沉积再制造马氏体时效钢

马氏体时效钢是一种铁镍超高强度高合金钢，经时效热处理后，会在具有高密度位错的马氏体基体上析出细小弥散分布的金属间化合物，对高密度位错运动产生钉扎效应，达到第二相强化作用[1]。马氏体时效钢因其极高的强度、优异的韧性和延展性而广泛用于深海耐压装备[2,3]。本章以 18Ni300 马氏体时效钢为研究对象，采用同轴送粉式水下激光沉积再制造技术在模拟 30m 水深环境下进行原位修复实验，系统研究工艺过程对修复试样表面形貌、微观组织演变、力学性能及冲蚀磨损性能的影响。

5.1 水下激光沉积再制造 18Ni300 工艺实验

实验所用的基板为经热处理后的 18Ni300 马氏体时效钢，尺寸为 200 mm × 100 mm × 10 mm，采用电火花线切割机在基板上加工梯形槽缺陷作为损伤区域进行修复，梯形槽缺陷尺寸如图 3-1(a)所示。激光沉积再制造所用粉末为真空感应气雾化 18Ni300 马氏体时效钢球形颗粒，基板和粉末的元素成分如表 5-1 所示。表 5-2 是基于前期预实验优化后的工艺参数，试样 D1 是在陆上环境的修复试样，试样 E1、E2、E3 是水下修复试样。除实验环境外，试样 D1 与试样 E2 采用相同的激光加工工艺参数，用于研究水环境对激光沉积再制造 18Ni300 表面形貌、微观组织和力学性能的影响机制。试样 E1、E2、E3 的激光加工工艺参数设置用于研究激光能量密度变化对水下激光沉积再制造 18Ni300 表面形貌、微观组织和力学性能的影响规律。激光能量密度(E)可由 $E=P/v$ 计算所得，其中 P 为激光功率，v 为扫描速度。在水下激光沉积再制造过程中，所使用的激光光斑直径为 3 mm，压缩空气的压力为 0.4 MPa，载气和保护气压力均约为 0.45 MPa，流量均为 20 L/min。粉末汇聚点和光斑汇聚点重合，离焦量为 0 mm，搭接率为 50%，扫描路径均为 Z 字形。

表 5-1　18Ni300 基板和粉末的元素成分　　　　　　（单位：%）

元素	C	Al	Co	Mo	Ni	Ti	Si	Fe
18Ni300 基板	0.0234	0.126	5.56	5.47	15.05	0.485	0.042	Bal.
18Ni300 粉末	0.0045	0.11	9.09	4.96	17.9	0.80	0.025	Bal.

表 5-2　激光沉积再制造 18Ni300 工艺参数

试样	激光功率 /W	扫描速度 /(mm/min)	送粉速率 /(g/min)	能量密度 /[W/(mm·min)]	实验环境
D1	3500	1167	26.0	3.0	陆上
E1	2500	1000	26.0	2.5	水下 30m
E2	3500	1167	26.0	3.0	水下 30m
E3	4500	1286	26.0	3.5	水下 30m

图 5-1 展示了经激光沉积再制造修复后的试样 E1、E2、E3 和 D1，所有试样的梯形槽均被沉积材料填满，表面没有发现明显的凹坑、裂缝或其他冶金缺陷。激光沉积再制造过程中的 Z 字形扫描方式使得所有修复试样表面呈现出连续的鱼鳞纹。从图 5-1 可以看出，所有试样的修复区表面均覆盖一层氧化皮，这是由激光沉积再制造过程温度过高，马氏体时效钢与周围环境中的氧元素发生氧化反应所导致的。此外，由于水下修复试样周围的环境潮湿，试样 E1、E2 和 E3 的表面还存在一些铁锈。整体上来看，陆上修复试样的表面形貌优于水下修复试样。

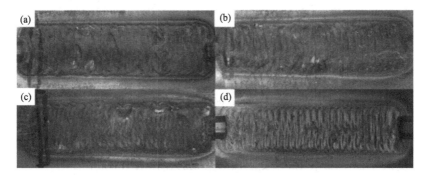

图 5-1　各修复试样的修复区表面形貌

(a)试样 E1；(b)试样 E2；(c)试样 E3；(d)试样 D1

为了更好地评估不同工艺参数下试样修复区的表面形貌质量，采用轮廓仪对修复区的表面轮廓进行采样，并根据所采集的数据计算轮廓的算术平均偏差(Wa)和轮廓的最大高度差(Wz)的值。图 5-2(a)显示了各试样表面轮廓的采样结果，水下修复试样的表面轮廓波动程度均大于陆上修复试样，随着激光能量密度的提高，修复区的表面形貌有所改善。如图 5-2(b)所示，在同一工艺参数下，陆上修复试样 D1 的 Wa 值和 Wz 值均小于水下修复试样 E2。对于水下修复试样 E1、E2 和 E3，随着激光能量密度的提高，Wa 值和 Wz 值均呈现出下降的趋势。水下修复试样的表面质量低于陆上修复试样可归因于以下原因：一方面，水下环境散热加快，熔池凝固速率提升，液态熔池来不及填补由于激光能量输入和保护气流造成的凹陷便凝固为固相，使得水下修复试样表面质量较差；另一方面，由于压缩空气的作用，水下激光沉积再制造过程中局部干区内的流场更为复杂，一些飞溅以及未完全熔化的金属粉末会黏附在沉积层表面，降低水下修复试样的表面质量。对于水下修复试样，提高激光能量密度可以增大熔池热输入，降低凝固速率，在一定程度上可提高修复区的表面质量，为了进一步地优化水下修复试样的表面质量，需要进一步采用新的策略。

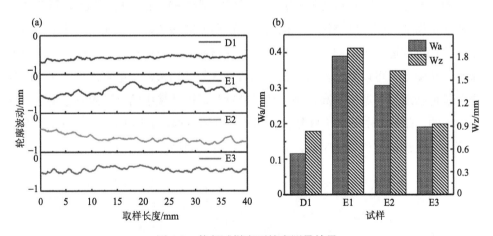

图 5-2　修复试样表面轮廓测量结果

(a)各修复试样表面轮廓；(b)各修复试样的 Wa 值和 Wz 值

图 5-3 所示为各个试样修复区的典型金相组织形貌。图 5-3(a~c)分别显示了水下修复试样 E1、E2 和 E3 修复区顶部区域的金相组织形貌，在所有试样的顶部均存在较粗的枝晶区，且随着激光能量密度的增加，枝晶的平均尺寸和粗枝晶区的面积均增大。图 5-3(d、e)显示了不同修复环境下试样 D1 和试样 E2 修复区第

2 层沉积层和第 3 层沉积层之间区域的形貌,可以发现前一沉积层顶部区域的晶粒尺寸大于后一沉积层底部区域的晶粒尺寸,这种现象在陆上修复试样 D1 中尤为明显。图 5-3(e)所示的层间边界两侧的大多数晶粒生长方向不一致,但可观察到部分的晶粒有跨层生长行为。图 5-3(f)显示试样 E2 整个修复区的宏观形貌,修复区和基板冶金结合良好,未发现明显的裂纹、未熔合等冶金缺陷。

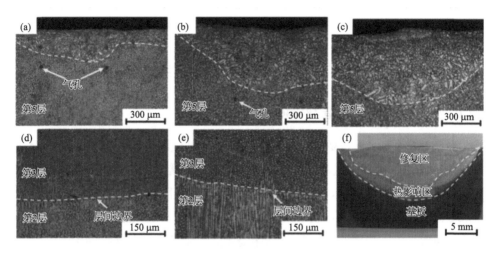

图 5-3　各修复试样的 OM 图像

(a)试样 E1 的顶部区域;(b)试样 E2 的顶部区域;(c)试样 E3 的顶部区域;(d)试样 D1 第 2 层和第 3 层交界区域;
(e)试样 E2 第 2 层和第 3 层交界区域;(f)试样 E2

　　如图 5-3 所示,在光学显微镜下可观察到一些球形气孔的分布,在水下修复试样中尤为明显。每个修复试样统计 20 张金相图片,通过图像处理对各试样修复区的气孔率进行统计,所得结果如表 5-3 所示。结果表明,陆上修复试样的气孔率最低,水下修复试样的气孔率随着激光能量密度的升高而降低。产生上述现象的原因是熔池凝固速率的差异,一方面是在水下激光沉积再制造过程中,基板完全处在水环境中,熔池中的热量可通过水淬冷实现快速散热;另一方面是由于排水气的存在,熔池周围气体流速更快,流场更复杂,气流不仅能够带走熔池的热量,还容易被搅入熔池中,当熔池中的气体由于浮力的作用向上移动时,热量传递更快的试样会使熔池凝固速度加快,部分气体没有充足的逸出时间,导致了气孔形成。此外,图 5-3 中显示气孔主要集中在修复区的顶部,这是因为沉积层凝固时,熔池中的气体会向上逸出,未逸出的气体会在沉积层顶部形成气孔。由于修复实验是逐层沉积的,先前沉积层的顶部区域会发生重熔,新的沉积层凝固前重熔区域内的气体会继续向上移动。以此类推，只有最后一层沉积层不会被重熔。因此，修复区顶部区域的气孔数目较多。

表 5-3　各试样气孔率统计结果

试样	D1	E1	E2	E3
气孔率/%	0.01	0.18	0.13	0.03

5.2　水下激光沉积再制造 18Ni300 微观组织演变

5.2.1　水下激光沉积再制造 18Ni300 微观组织表征

图 5-4 所示为水下修复试样 E2 不同修复区微观组织的 SEM 图像。由图 5-4(a) 可以看出，修复区顶部区域主要由枝晶组成，且在最顶部的枝晶比较粗大。由图 5-4(b、c) 可以看出，修复区中部和底部区域的凝固组织呈胞状，这是由于该区域凝固时速度较快，未产生二次枝晶臂就已经凝固。这些胞状组织在垂直方向观察时呈等轴状，在平行方向观察时呈板条状，类似的现象在以往的研究中也有报道[3,4]。图 5-4(b) 所示的层间边界两侧分别为垂直方向和平行方向观察到的胞状晶。从图 5-4(c) 中还可发现，靠近热影响区的晶粒垂直边界生长，这是因为晶粒生长方向总是与最大温度梯度方向相同。

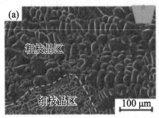

图 5-4　试样 E2 的 SEM 图像

(a) 顶部区域；(b) 中部区域；(c) 底部区域

图 5-5(a~c) 分别为水下修复试样 E1、E2 和 E3 修复区顶部区域的 SEM 图像，顶部区域的晶粒尺寸随着激光能量密度的增大而增大，这与图 5-3 所示的结果一致。此外，在各试样修复区可以观察到球形颗粒，且试样 E1 中球形颗粒的数量明显多于其他试样，这说明增强冷却速率可促进球形颗粒的形成。图 5-5(d~f) 分

别为水下修复试样 E1、E2 和 E3 修复区中部区域的 SEM 图像，这些试样的晶粒
尺寸差异不明显。此外，从图 5-5 中可观察到许多白色的晶界。

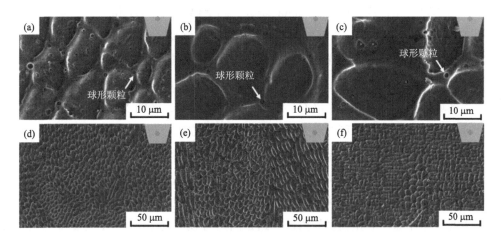

图 5-5　水下修复试样的 SEM 图像

(a)试样 E1 顶部区域；(b)试样 E2 顶部区域；(c)试样 E3 顶部区域；(d)试样 E1 中部区域；(e)试样 E2 中部区域；
(f)试样 E3 中部区域

采用 XRD 对各修复试样的物相进行表征分析，结果如图 5-6 所示。每个试样
的 XRD 图谱中均存在三个衍射峰，且三个衍射峰为 BCC 结构，说明修复区主要
由马氏体组成。Jägle 等[5]指出，陆上修复试样中不仅有马氏体，还会有残余奥氏

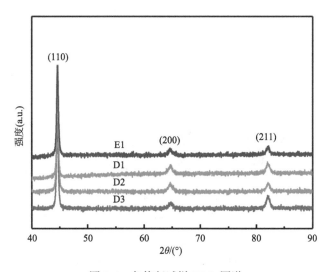

图 5-6　各修复试样 XRD 图谱

体的存在。XRD 未检测到残余奥氏体的衍射峰，这可能是由于残余奥氏体的含量低于 XRD 设备的检测精度临界值。

图 5-7（a、b、e）分别是 18Ni300 基板、陆上修复试样 D1 和水下修复试样 E2 的 TEM 图像。经选区电子衍射证实，基体和试样修复区的组织主要由 BCC 结构的板条状马氏体组成。试样 E2 的板条状马氏体宽度小于试样 D1，这主要是由水下环境的高冷却速率和高温度梯度导致的。另外，从图 5-7（h）可以看出，胞状晶边界区域分布有面心立方（FCC）结构的残余奥氏体。如图 5-7（a）所示，在经热处理的 18Ni300 基板上可发现大量的纳米沉淀物弥散分布在板条状马氏体中，而陆上修复试样 D1 和水下修复试样 E2 中均未发现纳米沉淀物的析出。此外，如图 5-7（i）所示，板条状马氏体中还分布着许多由 Al、Ti、Si 和 O 元素构成的球形氧化物颗粒。其中，Si 元素主要分布在球形氧化物颗粒边缘区域，Ti 元素和 Al 元素主要分布在球形氧化物颗粒内部。这是因为与 Si 元素相比，Al 元素和 Ti 元素更容易与 O 元素结合，在凝固过程中，Al 和 Ti 的氧化物会优先形核，然后成为 Si 的氧化物形核核心。

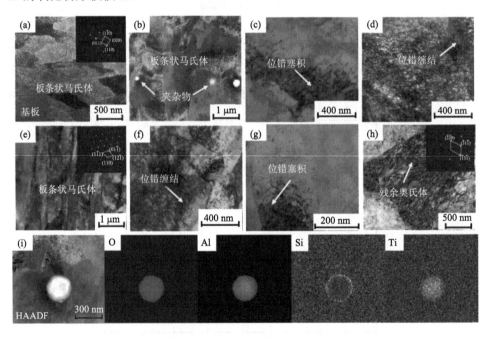

图 5-7　各修复试样的 TEM 图像

（a）18Ni300 基板组织形貌；（b）试样 D1 组织形貌；（c）试样 D1 位错形貌；（d）试样 E1 位错形貌；（e）试样 E2 组织形貌；（f）试样 E2 位错形貌；（g）试样 E3 位错形貌；（h）试样 E2 残余奥氏体形貌；（i）试样 E2 球形氧化物颗粒的元素映射；HAADF 表示高角环形暗场像

图 5-7(c、d、f、g)分别显示了修复试样 D1、E1、E2 和 E3 位错的形貌。由于激光沉积再制造过程的高冷却速率以及 18Ni300 中的较多的合金元素组成，可观察到各修复试样均存在大量的晶体缺陷，包括位错塞积和位错缠结，水下修复试样 E2 的位错密度高于同工艺参数下陆上修复试样 D1 的位错密度。随着激光能量密度的提高，水下修复试样的位错密度有所降低。

5.2.2　水下环境对微观组织演变的影响

1. 修复试样微观组织形成及演变过程

组织形貌的形成主要取决于温度梯度(G)与凝固速率(R)的比值，随着 G/R 的减小，组织形貌由平面晶先向胞状晶转变，然后向柱状/等轴枝晶转变[6]。激光沉积再制造过程是逐层进行的，沉积层会经历快速加热和冷却的热循环过程。沉积第 1 层时，从熔池底部区域到顶部区域，凝固速率逐渐增大，温度梯度逐渐减小，G/R 降低，该层的晶体形貌表现为由胞状晶向柱状/等轴枝晶的转变。当后续层沉积时，前一层顶部区域的枝晶区被重熔，该区域成为后续层的底部区域，重新凝固形成胞状晶。以此类推，只有当最后一层沉积时，枝晶区才不会被重熔。因此，修复区域仅顶部区域呈现枝晶特征，其余区域呈现胞状晶特征(图 5-4)。此外，在最后一层沉积过程中，由于热量的积累，熔池和已沉积层之间的温度差减小，顶部区域的冷却速率较低，导致过冷度低，形核缓慢，因此修复区顶部区域会产生如图 5-4(a)所示的粗枝晶区。

合金元素的不均匀分布也会影响微观组织。平衡分配系数小于 1.0 的溶质合金元素在固相中的溶解度较低，在凝固时会从结晶的晶粒释放到液相中，并在固液界面前沿堆积[7]。Jägle 等[5]指出，马氏体时效钢的胞状晶晶间主要富集 Ti、Mo 和 Ni 等合金元素，Kürnsteiner 等[3]证明了在这些合金元素的富集区会存在残余奥氏体。图 5-7(h)所示的衍射花样证实了在晶界区域存在残余奥氏体，这些残余奥氏体是由马氏体的不完全转变造成的。由于激光沉积再制造过程的冷却速率较高，当修复区凝固后冷却至马氏体转变开始温度(M_s)以下时，将发生从奥氏体到马氏体的转变。此转变过程中的能量变化(ΔG)可由式(5-1)表示：

$$\Delta G = -\Delta G_V + \Delta G_S + \Delta G_E \tag{5-1}$$

式中，$-\Delta G_V$ 为奥氏体与马氏体的化学自由能差；ΔG_S 为新相形成的界面能；ΔG_E 为比体积增大引起的弹性应变能。

在马氏体相变过程中，$-\Delta G_V$ 为相变驱动力，$\Delta G_S+\Delta G_E$ 为相变阻力。当温度冷却到 M_s 以下时，相变驱动力远大于相变阻力，即$|-\Delta G_V| \gg \Delta G_S+\Delta G_E$，马氏体晶粒开始形核。由于马氏体和奥氏体之间存在共格界面，ΔG_S 非常小。当马氏体在奥氏体晶粒中形成时，残余奥氏体会分布在马氏体的边界处。由于奥氏体的比体积比马氏体小得多，残余奥氏体被马氏体包围，四周会受到马氏体的压应力，而且在固相相变过程中，会形成大量的晶格缺陷，这些因素的作用会导致ΔG_E 增大，从而阻止马氏体的相变。此外，在胞状晶晶界区富集 Ni、Ti 和 Mo 元素可降低 M_s 点，扩大奥氏体稳定区，此时需要进一步降低温度为马氏体相变提供更大的动力。当相变驱动力不能达到相变阻力时，晶界区域会存在残余奥氏体。

2. 水环境对氧化物形核的影响

对各修复试样金相组织观察可以发现，相较于陆上修复试样，水下修复试样含有更多的氧化物颗粒。造成这一现象的原因：一方面是水下激光沉积再制造过程中局部干区内不稳定的流场为氧化物颗粒的形成提供了氧元素；另一方面是水下修复试样快速冷却促进了氧化物颗粒的形成。氧化物颗粒生长驱动力取决于元素扩散增加的溶质含量与氧化物平衡溶质浓度间的差值。当冷却速率很高时，氧化物颗粒生长时间较短，不能充分消耗因元素扩散引起的熔池溶质含量的增加[8]。因此，冷却速率越高，形核驱动力越大。根据 Becker-Doring 理论，熔池中氧化物颗粒均匀形核所需活化能(ΔG^*)可表示为[9]

$$\Delta G^* = \frac{16\pi\sigma^3}{3\Delta G_V^2} = \frac{16\pi}{3}\sigma^3\frac{V_m^2}{(RT\ln\eta)^2} \tag{5-2}$$

式中，σ 为氧化物颗粒与液相之间的界面张力；ΔG_V 为氧化物颗粒形核驱动力；V_m 为析出相的摩尔体积；T 为热力学温度；η 为过饱和度；R 为气体常数，$R=$ 8.314J/(mol·K)。

由式(5-2)可知，形核所需活化能ΔG^*与过饱和度 η 呈负相关。此外，氧化物颗粒的形核率(I)可用式(5-3)表示[9]：

$$I = K_Z \Gamma_A N_A \exp\left(\frac{-\Delta G^*}{kT}\right)\exp\left(-\frac{\tau}{t}\right) \tag{5-3}$$

式中，K_Z 为 Zeldovich 因子；Γ_A 为原子 A 在原子核表面的跃迁频率；N_A 为单位体积 A 的原子浓度；k 为玻尔兹曼常数；τ 为孕育时间；t 为形核时间。

由式(5-3)可知，氧化物颗粒的形核率 I 和形核所需活化能ΔG^*呈负相关。由式(5-2)和式(5-3)可知，较高的冷却速率可增大溶质元素的过饱和度，增加形核驱动力，降低形核所需活化能，由此提高氧化物颗粒的形核率。

5.3　水下激光沉积再制造 18Ni300 力学性能分析

5.3.1　水下激光沉积再制造 18Ni300 力学性能表征

表 5-4 为陆上修复试样和水下修复试样力学性能的测试结果。由于修复试样均未经后续的时效热处理，修复试样内部未形成弥散分布的金属间化合物，各修复试样的屈服强度和抗拉强度均低于基板。此外，修复试样在拉伸过程中均在修复区断裂，延伸率比较接近。同工艺参数下，陆上修复试样 D1 和水下修复试样 E2 的拉伸性能比较接近。激光能量密度的提高会降低水下修复试样的屈服强度和抗拉强度。此外，陆上修复试样和水下修复试样的低温(−40℃)冲击韧性均优于基体。其中，陆上修复试样 D1 的冲击韧性最优，水下修复试样的冲击韧性随着激光能量密度的增大而提高。

表 5-4　各修复试样与基板的力学性能

试样	屈服强度/MPa	抗拉强度/MPa	延伸率/%	−40℃环境下的冲击韧性/J
D1	914	1097	1.13	35
E1	1046.7	1212.0	1.41	15
E2	876.3	1149.0	1.42	24
E3	817.3	1044.1	1.44	30
基板	1706.4	1857.3	3.75	12

图 5-8(a、b、d、e)分别为修复试样 D1、E1、E2 和 E3 的拉伸断口形貌，各修复试样的断口呈纤维状，修复区分布着致密的韧窝，这表明所有修复试样在拉伸过程中都呈现典型的韧性断裂。陆上修复试样 D1 的韧窝尺寸大于水下修复试样 E1、E2 和 E3 的韧窝尺寸，水下修复试样的韧窝尺寸随激光能量密度的增大而增大。此外，图 5-8(b、d、e)显示水下修复试样的韧窝底部分布着大量的氧化物颗粒，这是因为在试样拉伸过程中，这些氧化物颗粒周围会产生应力集中，可作为裂纹的形核点。图 5-8(c)是水下修复试样 E2 的断口形貌，除韧窝外还分布着一些气孔缺陷。图 5-8(f)为 18Ni300 基板的断口形貌，基板的断口形貌主要由河流花纹和凹坑组成，呈现脆性断裂的特征。

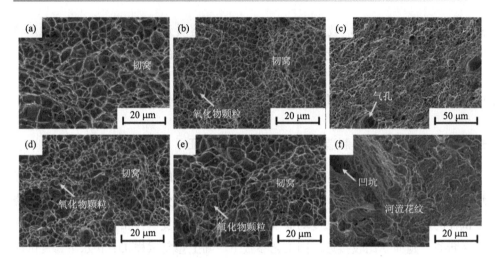

图 5-8　修复试样拉伸断口形貌

(a)试样 D1；(b)试样 E1；(c、d)试样 E2；(e)试样 E3；(f)基板

图 5-9(a、b、c、d)分别为修复试样 D1、E1、E2 和 E3 的低温冲击断口的形貌，所有修复试样的断口均分布有韧窝，水下修复试样的韧窝底部分布着氧化物颗粒。此外，图 5-9(b、c、f)显示了水下修复试样 E1 和 E2 的冲击断口中存在撕裂面，在图 5-9(c)中还有裂纹的分布。图 5-9(e)为 18Ni300 基板的低温冲击断口，断口呈现出河流花纹，为典型的脆性断裂特征。

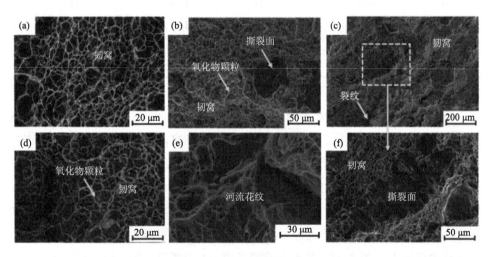

图 5-9　修复试样低温冲击断口形貌

(a)试样 D1；(b)试样 E1；(c、f)试样 E2；(d)试样 E3；(e)基板

5.3.2 微观组织对力学性能的影响

由表 5-4 可知，水下修复试样的屈服强度和抗拉强度均随着激光能量密度的减小而增大。试样的拉伸断裂过程与位错运动密切相关，当晶体受到拉伸载荷时，原子倾向于沿位错线运动，以降低晶体的变形阻力。通过对二次相、晶界及其他内部界面等微观结构进行设计，可以抑制位错的运动，从而提高金属材料的强度[10]。在本章中，微观组织对位错运动的影响体现在位错密度、氧化物颗粒数目以及晶粒尺寸等几个方面。不同修复试样中位错密度、氧化物颗粒数目以及晶粒尺寸等微观组织的差异，造成了抗拉强度的不同。

首先，高密度的位错可以加强位错之间的相互作用，抑制位错的运动，起到位错钉扎的作用。塑性变形阻力($\Delta\sigma$)与位错密度(ρ)的关系可由式(5-4)表示[11]：

$$\Delta\sigma = \alpha MGb\rho^{\frac{1}{2}} \tag{5-4}$$

式中，α 为强化系数；G 为剪切模量；M 为泰勒因子；b 为伯格斯矢量。由式(5-4)可知，塑性变形阻力与位错密度呈正相关，高密度的位错可在一定程度上减少材料的塑性变形。其次，氧化物颗粒可通过钉扎效应抵抗高温时的晶体粗化，又可引发 Orowan 强化效应抑制位错运动[12]。最后，晶粒细化可以增强晶界对位错运动的阻碍作用。相邻晶粒之间存在相位差，为了协调变形，每个晶粒间必须进行多滑移。在不同滑移面上运动的位错不可避免地相交，进而阻碍位错的运动[13,14]。

由表 5-4 可以看出，水下修复试样的低温冲击韧性随着激光能量密度的增大而提高，陆上修复试样 D1 的低温冲击韧性高于其他试样。18Ni300 的冲击韧性主要受修复区微观结构特征的影响，如位错密度、氧化物颗粒数量和晶粒尺寸。位错密度对冲击韧性有双重影响。一方面，位错在氧化物颗粒和晶界前沿的堆积可引起高应力集中，促进裂纹形核；另一方面，由于低密度位错区域的存在，位错运动没有被严格限制，可以缓解局部应力集中。晶粒细化可以提高冲击韧性，这是因为细小均匀的晶粒内部和晶界附近的应变较为均匀，在外力作用下晶体的塑性变形可以分散到更多的晶粒上，从而使塑性变形更加均匀，因应力集中产生裂纹的可能性较小且裂纹不易扩展[15]。此外，缺陷和氧化物颗粒容易导致应力集中现象，促进裂纹萌生。在本章中，位错密度、氧化物颗粒数目和晶粒尺寸对裂纹萌生起主导作用。修复试样内位错密度越低、氧化物颗粒越少、晶粒越细小均匀，对应的冲击韧性越好。

5.4   水下激光沉积再制造 18Ni300 冲蚀性能分析

5.4.1   冲蚀磨损实验设置

针对同工艺参数下的陆上修复试样 D1 和水下修复试样 E2 分别开展冲蚀角度为 30°和 90°的冲蚀磨损实验，研究 18Ni300 马氏体时效钢修复试样的冲蚀磨损机制，揭示修复环境对试样抗冲蚀磨损性能的影响。冲蚀角度为 30°的陆上修复试样，冲蚀角度为 90°的陆上修复试样，冲蚀角度为 30°的水下修复试样和冲蚀角度为 90°的水下修复试样分别命名为 D11、D12、E21 和 E22，冲蚀磨损实验的工艺参数见表 5-5。本章采用体积磨损率(V)来表征材料单位时间、单位面积的磨损体积，见表达式(5-5)：

$$V = \frac{\Delta m}{St\rho} \tag{5-5}$$

式中，Δm 为磨损质量；S 为冲蚀面积；t 为冲蚀时间；ρ 为试样密度。

表 5-5   冲蚀磨损实验工艺参数

工艺参数	参数值
冲蚀角度	30°和 90°
冲蚀颗粒	5%的石英砂
冲蚀时间	共 6 h
颗粒粒径	26~110 目
冲蚀速度	10 m/s
冲蚀溶液	3.5 % NaCl 溶液

5.4.2   18Ni300 修复试样冲蚀磨损行为及形貌分析

图 5-10 为各试样的体积磨损率随冲蚀时间的变化，陆上修复试样 D11 和 D12 的体积磨损率整体上高于同工艺参数下水下修复试样 E21 和 E22，且修复试样在冲蚀角度为 90°时的体积磨损率高于在冲蚀角度为 30°时的体积磨损率。此外，随着时间的延长，各试样的体积磨损率呈现下降趋势[16]。图 5-11 为冲蚀 6 h 后各试样的总质量损耗，陆上修复试样在 90°冲蚀时(D12)总质量损耗最高，水下修复试样在 30°冲蚀时(E21)总质量损耗最低，各修复试样的总质量损耗从低到高排序依

次为 E21<E22<D11<D12，分别为 0.0739 g、0.1091 g、0.1337 g 和 0.1568 g。修复试样 D11 和 D12 的总质量损耗高于修复试样 E21 和 E22，这证明水下修复试样具有更好的耐冲蚀磨损性能。

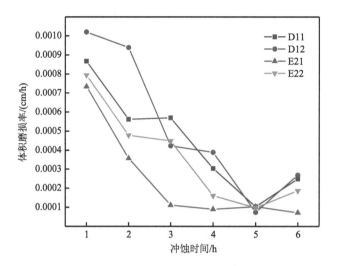

图 5-10　各试样体积磨损率随冲蚀时间的变化

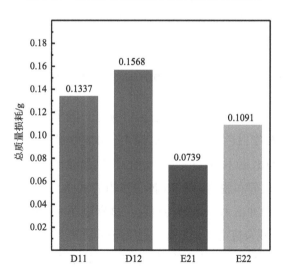

图 5-11　各试样冲蚀 6 h 后的总质量损耗

分别对冲蚀时间为 2 h、4 h 和 6 h 的修复试样表面形貌进行观察以进一步分析冲蚀磨损过程以及冲蚀磨损机制。各修复试样冲蚀 2 h 后的表面形貌如图 5-12 所示，经过 2 h 石英砂颗粒的冲蚀，所有试样的表面均出现不同程度的冲蚀痕迹。

从图 5-12(a、b)可观察到试样 D11 的冲蚀表面分布着大量的沟槽。在 30°下冲蚀的试样 D11 和在 90°下冲蚀的试样 D12 表面主要分布着由法向冲击力作用产生的凹痕[图 5-12(c)]。由于法向冲击力持续反复地冲击，材料的塑性下降，在缺陷位置产生微裂纹，随着裂纹的扩展，表层材料成片脱落[图 5-12(d)]。试样 E21 和 E22 的冲蚀形貌与试样 D11 和 D12 的冲蚀形貌类似，试样 E21 表面分布着由切削和犁耕导致的沟槽[图 5-12(e、f)]。从试样 E22 表面可观察到由法向冲击力造成的凹痕和脱落现象[图 5-12(g、h)]。另外，相比于试样 E21 和 E22，试样 D11 和 D12 的冲蚀形貌分布更为均匀。

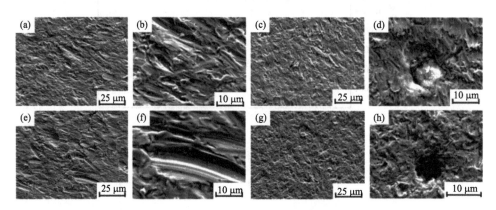

图 5-12　各试样冲蚀 2 h 后的表面形貌
(a、b)试样 D11；(c、d)试样 D12；(e、f)试样 E21；(g、h)试样 E22

　　各试样冲蚀 4 h 后的表面形貌如图 5-13 所示，除了石英砂冲击造成的明显的冲蚀痕迹外，还可观察白色的腐蚀产物。经 4 h 30°冲蚀作用的试样 D11[图 5-13(a、b)]和 E21[图 5-13(d、e)]，表面除会产生由冲蚀颗粒切削和犁耕作用导致的沟槽外，还会诱导表面破碎和脱落。经 90°冲蚀作用的试样 D12[图 5-13(c)]和 E22[图 5-13(f)]，由于法向冲击力作用更为直接，试样表面冲蚀磨损严重。此外，由于反复的冲击作用，残余应力逐渐积累，使得缺陷处产生裂纹和表面脱落[17]。

　　相较于冲蚀 2 h 和 4 h 的表面形貌，经 6 h 冲蚀后的试样表面形貌磨损机制类似，但表面磨损情况更加严重(图 5-14)。图 5-14(a、b)和图 5-14(e、f)分别显示了在 30°冲蚀作用下试样 D11 和 E21 的表面形貌。由于冲蚀颗粒的切削和犁耕作用，一部分冲蚀颗粒会加深原有沟槽，一部分冲蚀颗粒会在沟槽两侧的凸出位置产生新的沟槽。随着冲蚀时间的延长，表面形貌的沟槽数量增多，且深度增加。

图 5-14(c、d)和图 5-14(g、h)分别显示了在 90°冲蚀作用下的试样 D12 和 E22 的表面形貌。与冲蚀 2 h 和冲蚀 4 h 的表面形貌对比发现，随着冲蚀时间的延长，法向冲击力作用产生的凹痕更深，表面破裂程度更为严重。

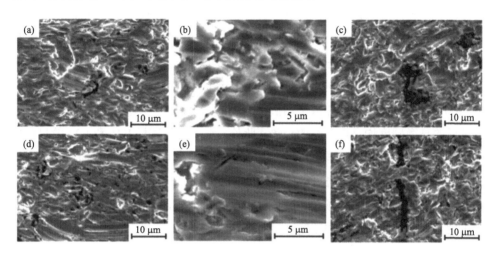

图 5-13　各试样冲蚀 4 h 后的表面形貌

(a、b)试样 D11；(c)试样 D12；(d、e)试样 E21；(f)试样 E22

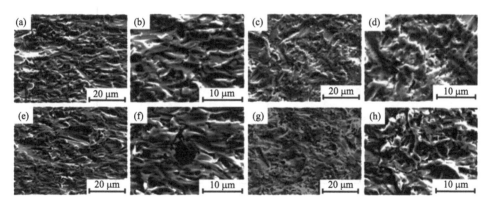

图 5-14　各试样冲蚀 6 h 后的表面形貌

(a、b)试样 D11；(c、d)试样 D12；(e、f)试样 E21；(g、h)试样 E22

5.4.3　修复试样冲蚀磨损机制分析

通过对各试样的冲蚀磨损量以及冲蚀磨损形貌对比分析可知，陆上修复试样与水下修复试样的冲蚀磨损机制类似，但略有差异。通常情况下认为材料的耐冲蚀磨损性能与其显微硬度和韧性密切相关，材料的显微硬度与韧性主要取决于材料的微观结构，包括物相组织、晶粒尺寸、位错密度以及冶金缺陷等[18]。另外，这些因素还通过阻碍位错运动，影响裂纹萌生和扩展，进而影响材料的耐冲蚀磨损性能。值得注意的是，在冲蚀磨损过程中，石英砂颗粒反复持续地冲击会使材料表面产生塑性变形、晶粒滑移、位错缠结，促使晶粒拉长、破碎和纤维化，加剧材料内部的残余应力，进而引发加工硬化，即材料的抗拉强度和显微硬度提高，而塑性和韧性下降[19]。对冲蚀磨损过程中试样的冲蚀面等间隔（1 mm）阵列（5×5，共 25 个点）测量显微硬度并取平均值，结果如图 5-15 所示。随着冲蚀时间的延长，各试样的显微硬度均呈现升高的趋势。此外，水下修复试样 E21 和 E22 的显微硬度始终高于由陆上修复试样 D11 和 D12。上述结果可解释随着冲蚀时间的延长，试样 E21 和 E22 的体积磨损率和总质量损耗低于试样 D11 和 D12。除此之外，随着冲蚀时间的延长，冲蚀颗粒不断地被磨损甚至破碎，导致其对冲蚀试样表面的冲击力下降，故而体积磨损率随冲蚀时间延长而下降。

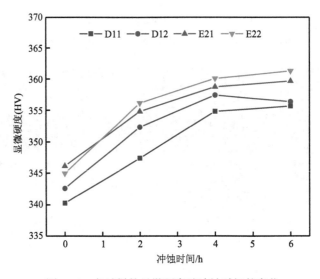

图 5-15　各试样的显微硬度随冲蚀时间的变化

在冲蚀磨损过程中，大量的石英砂颗粒持续冲击试样表面，冲击力可分解为切向力和法向力。切向力使得材料表面出现由犁耕和切削效应造成的沟槽，导致试样表面部分材料损失；法向力使得材料表面出现压痕变形，促进裂纹萌生，导致表面材料脱落。在冲蚀角度为 30°时，切向力占主导，在冲蚀初期，石英砂颗粒的动能主要转变为应变能，引发试样塑性变形程度和位错密度倍增。一部分石英砂颗粒侵入试样表面将材料挤压到轨迹两侧以及轨迹端部，形成犁沟；另一部分石英砂颗粒通过切削作用带走试样表面的材料[图 5-16(a)]。随着冲蚀磨损过程的不断进行，当塑性变形量超过其塑性变形能力时，会在缺陷或者应力集中处萌生微裂纹[图 5-16(b)]，切向力的切削磨损作用会使微裂纹加剧扩展[20,21]，使得材料呈片状或者块状脱落，形成剥落坑。在冲蚀角度为 90°时，试样表面只受法向力的作用，塑性变形更加严重。在冲蚀磨损初期，石英砂颗粒的法向冲击会在试样表面形成凹痕并将试样表面的材料挤到凹痕四周[图 5-16(c)]。随着石英砂颗粒的持续冲击，凹痕变大变深，且会在应力集中处诱导微裂纹萌生[图 5-16(d)]。石英砂颗粒的反复冲击会使微裂纹扩展并融合成较大的裂纹，最终使试样表面破裂并出现脱落。

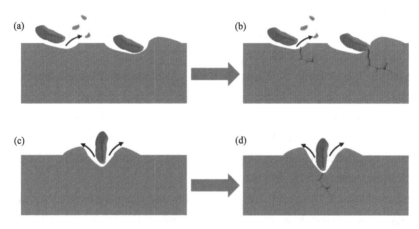

图 5-16　不同冲蚀角度的冲蚀磨损过程

(a、b)冲蚀角度为 30°；(c、d)冲蚀角度为 90°

参 考 文 献

[1] 谭超林, 周克崧, 马文有, 等. 激光增材制造成型马氏体时效钢研究进展[J]. 金属学报, 2020, 56(1): 36-52.

[2] 张苏杰, 王芳, 崔维成. 全海深耐压壳备选材料: 马氏体镍钢 18Ni(250) 和 18Ni(350) 的裂纹扩展率特性[J]. 船舶力学, 2018, 22(12): 1540-1548.

[3] Kürnsteiner P, Wilms M B, Weisheit A, et al. Massive nanoprecipitation in an Fe-19Ni-xAl maraging steel triggered by the intrinsic heat treatment during laser metal deposition [J]. Acta Materialia, 2017, 129: 52-60.

[4] Zhu H M, Zhang J W, Hu J P, et al. Effects of aging time on the microstructure and mechanical properties of laser-cladded 18Ni300 maraging steel[J]. Journal of Materials Science, 2021, 56: 8835-8847.

[5] Jägle E A, Sheng Z D, Kürnsteiner P, et al. Comparison of maraging steel micro- and nanostructure produced conventionally and by laser additive manufacturing[J]. Materials, 2016, 10(1): 8-22.

[6] Wang Y C, Li Y M, Yu H L, et al. *In situ* fabrication of bioceramic composite coatings by laser cladding [J]. Surface and Coatings Technology, 2005, 200: 2080-2084.

[7] Kong D C, Dong C F, Wei S L, et al. About metastable cellular structure in additively manufactured austenitic stainless steels [J]. Additive Manufacturing, 2021, 38: 101804.

[8] Goto H, Miyazawa K I, Yamaguchi K I, et al. Effect of cooling rate on oxide precipitation during solidification of low carbon steels[J]. ISIJ International, 1994, 34: 414-419.

[9] Rocabois P, Lehmann J, Gaye H, et al. Kinetics of precipitation of non-metallic inclusions during solidification of steel [J]. Journal of Crystal Growth, 1999, 198: 838-843.

[10] Lu K, Lu L, Suresh S. Strengthening materials by engineering coherent internal boundaries at the nanoscale[J]. Science, 2009, 324: 349-352.

[11] Gallmeyer T G, Moorthy S, Kappes B B, et al. Knowledge of process-structure-property relationships to engineer better heat treatments for laser powder bed fusion additive manufactured Inconel 718 [J]. Additive Manufacturing, 2020, 31: 100977.

[12] Lou X Y, Andresen P L, Rebak R B. Oxide inclusions in laser additive manufactured stainless steel and their effects on impact toughness and stress corrosion cracking behavior [J]. Journal of Nuclear Materials, 2018, 499: 182-190.

[13] Amirabdollahian S, Deirmina F, Harris L, et al. Towards controlling intrinsic heat treatment of maraging steel during laser directed energy deposition [J]. Scripta Materialia, 2021, 201: 113973.

[14] Zheng B, Zhou Y, Smugeresky J E, et al. Thermal behavior and microstructural evolution during laser deposition with laser-engineered net shaping: part Ⅰ. numerical calculations [J]. Metallurgical and Materials Transactions A, 2008, 39(9): 2228-2236.

[15] Kim D, Kim T, Ha K, et al. Effect of heat treatment condition on microstructural and mechanical anisotropies of selective laser melted maraging 18Ni-300 steel [J]. Metals, 2020, 10(3): 410.

[16] 孙家枢. 金属的磨损[M]. 北京: 冶金工业出版社, 1992.

[17] Finnie I, McFadden D H. On the velocity dependence of the erosion of ductile metals by solid particles at low angles of incidence [J]. Wear, 1978, 48: 181-190.

[18] 曾子华. 液固两相射流中 304 不锈钢冲蚀行为研究[D]. 厦门: 厦门大学, 2017.

[19] Sheldon G L, Finnie I. The mechanism of material removal in the erosive cutting of brittle

materials [J]. Journal of Engineering for Industry, 1966, 88(4): 393-399.

[20]　Zhou J T, Han X, Li H, et al. Investigation of layer-by-layer laser remelting to improve surface quality, microstructure, and mechanical properties of laser powder bed fused $AlSi_{10}Mg$ alloy [J]. Materials & Design, 2021, 210: 110092.

[21]　Bellman R, Levy A. Erosion mechanism in ductile metals [J]. Wear, 1981, 70(1): 1-27.

第 **6** 章

水下激光沉积再制造高氮钢

高氮钢兼备卓越的综合力学性能及耐腐蚀性能，在先进船舶、海水淡化装置、海底管道等海洋工程装备上有着广泛的应用前景。本章选用两种不同氮含量的高氮钢粉末（低氮 HNS 和高氮 HNS）作为沉积材料，在水下压力环境（0.3 MPa）原位修复高氮钢基板预制梯形槽缺陷。低氮 HNS 粉末由于其较高的 C/N 比，试样内部可观测到大量影响力学性能的硬脆碳化物。进行水下激光沉积再制造实验时，水对基板的冷却作用将改变熔池冷却的边界条件，相关冶金过程及碳化物析出会产生更加复杂的变化，进而显著影响再制造试样的力学性能。陆上常压环境制备得到的高氮 HNS 试样存在氮气孔缺陷及氮流失等问题。从冶金领域的经验来看，施加压力环境可提升熔池内氮的溶解度，避免此类棘手问题，从而提升修复试样的力学性能。

6.1 水下激光沉积再制造低氮 HNS 微观组织演变及力学性能分析

6.1.1 水下激光沉积再制造低氮 HNS 工艺实验

实验所用的基板为高氮钢轧制板材，尺寸为 200 mm × 100 mm × 10 mm，采用电火花线切割机在基板上加工梯形槽作为损伤区域进行修复，梯形槽缺陷尺寸如图 3-1 (a) 所示。激光沉积再制造所用粉末为真空感应气雾化低氮 HNS 球形颗粒，基板和粉末的元素成分如表 2-1 所示。所用激光加工工艺参数见表 6-1，水下修复试样命名为 K1~K5，陆上修复试样命名为 J1。在水下激光沉积再制造过程中，所使用的激光光斑直径为 3 mm，压缩空气的压力为 0.4 MPa，载气和保护气压力均约为 0.45 MPa，流量均为 20 L/min。粉末汇聚点和光斑汇聚点重合，离焦量为 0 mm，搭接率为 50%，扫描路径均为 Z 字形。

表 6-1　激光沉积再制造低氮 HNS 工艺参数

试样	激光功率/W	扫描速率/(mm/min)	送粉速率/(g/min)	沉积层数	线能量密度/(J/mm)	环境压力/MPa
J1	2500	1000	28	4	150	陆上常压
K1	2500	1000	28	4	150	0.3
K2	3500	1272	28	4	165	0.3
K3	4500	1500	28	4	180	0.3
K4	4000	1500	42	3	160	0.3
K5	4500	1500	42	3	180	0.3

修复试样内部的碳化物含量的统计步骤如下：首先，利用 Photoshop 软件在金相照片中选取碳化物并对其进行上色。其次，利用 Image J 软件分别统计碳化物 ($Pix_{eutectic}$) 颗粒和整个计算域 (Pix) 的像素数。最后，基于式 (6-1) 和式 (6-2) 计算碳化物含量 ($C_{eutectic}$) 和其等效直径 (D_c)，其中，S 为计算域的面积[1]：

$$C_{eutectic} = \frac{Pix_{eutectic}}{Pix} \tag{6-1}$$

$$D_c = 2\sqrt{\frac{S \cdot Pix_{eutectic}}{\pi \cdot Pix}} \tag{6-2}$$

6.1.2　水下激光沉积再制造低氮 HNS 微观组织表征

1. XRD 表征

图 6-1 为陆上及水下修复试样的 XRD 衍射图。在不同工艺参数下，水下修复试样的 XRD 衍射图差异很小，试样中均包含奥氏体、M_7C_3 和 $M_{23}C_6$ (M 代表 Cr 或者其他可能的置换原子，如 Ni、Fe 及 Mo)。陆上修复试样 J1 的 XRD 衍射图与水下修复试样略有不同，除包含奥氏体和碳化物外，试样 J1 中还检测到铁素体。此外，与水下修复试样相比，试样 J1 的 γ-(111) 峰明显地向更高衍射角的方向偏移。先前的研究表明，试样中较大的残余应力会导致晶格常数发生变化，使得 XRD 峰向衍射角较高的方向移动[2]。第 3 章中的研究内容证明了 Ti-6Al-4V 的水下修

复试样的残余应力低于陆上修复试样。通常情况下，残余应力的大小与热量积累和冷却速率有关，冷却速率的加快和热量积累的加剧都会增加残余应力[3,4]。在水下激光沉积再制造过程中，水对基板的冷却作用势必会加快熔池冷却并减少热量积累。根据本节中的实验结果，水冷对热量积累的弱化作用在残余应力演变中占据主导。

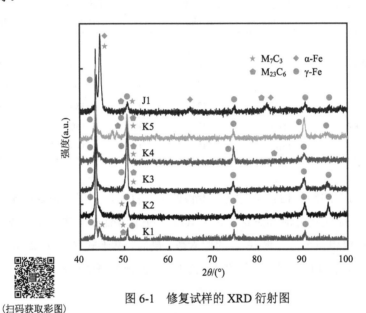

（扫码获取彩图）

图 6-1　修复试样的 XRD 衍射图

2. SEM 表征

陆上及水下修复试样顶部区域微观组织的典型 SEM 图像见图 6-2。在修复区域（repaired zone，RZ）的顶部可观测到等轴晶和共晶碳化物。此外，在晶内区域也分布着少量的碳化物颗粒。使用 Image J 软件对所有修复试样的晶粒尺寸进行数百次测量后取平均值，结果如表 6-2 所示，平均晶粒尺寸与线能量密度（linear energy density，LED）成正比。在不加入外部形核粒子的情况下，形核率的增加会导致晶粒细化。根据经典形核理论，熔池冷却速率的提高可以增强形核过冷度，进而提升形核率[5]。由此可见，较低的激光能量输入将加快熔池冷却，细化晶粒。在相同的工艺参数下，水下环境中独有的水冷作用使得试样 K1 中的晶粒相较于试样 J1 显著细化。试样 K3 和 K5 的线能量密度是相同的，但 K3 的平均晶粒尺寸较 K5 有所增加。K3 在低送粉速率（28 g/min）下进行了四层沉积实验，而 K5 则采用了高送粉速率（42 g/min），只进行了三层沉积。K5 的热源空间内粉末浓度较大，在粉末熔化过程中消耗了更多的激光能量，导致熔池吸收的能量低于 K3，故而 K5 中的冷却速率稍高。此外，对每组试样共晶碳化物的含量及尺寸进行统计，结果见图 6-3(a)。随着冷却速率的降低，共晶碳化物含量下降，但其平均尺寸有所增加，文献[6]和[7]报道了类似的共晶碳化物含量及尺寸与冷却速率之间的关系。

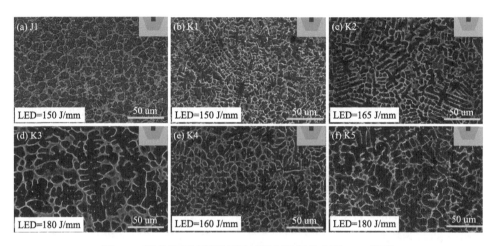

图 6-2 所有修复试样顶部区域微观组织的典型 SEM 图像

表 6-2 修复试样的线能量密度和平均晶粒尺寸

试样	线能量密度/(J/mm)	平均晶粒尺寸/μm
J1	150	7.31 ± 1.42
K1	150	5.54 ± 1.57
K2	165	8.13 ± 2.18
K3	180	9.61 ± 2.11
K4	160	6.99 ± 1.49
K5	180	9.32 ± 2.31

试样 K1 和 J1 中各沉积层内典型的微观组织结构和碳化物形貌如图 6-4 所示。在试样 K1 中，沿着构建方向(z 轴方向)，沉积层 1 到沉积层 4 内的晶粒逐渐细化，共晶碳化物含量逐渐增多，共晶碳化物平均尺寸降低[图 6-3(b)]。然而，这种微观组织演化趋势在试样 J1 中并不明显[图 6-3(b)]。此外，在试样 J1 中可观察到短棒状或层片状的晶内碳化物[图 6-4(e~1)]，但并未在试样 K1 中发现。这类晶内碳化物在沉积层 1 中呈现短棒状，在沉积层 2 中为短棒状和层片状，在沉积层 3 及沉积层 4 中呈层片状。值得注意的是，这类晶内碳化物的含量沿构建方向逐渐降低。

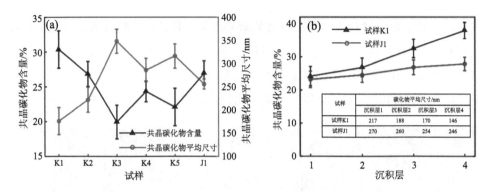

图 6-3 共晶碳化物特征表征

(a) 各试样内共晶碳化物含量及平均尺寸统计结果;(b) 试样 K1 和 J1 各沉积层共晶碳化物含量统计结果

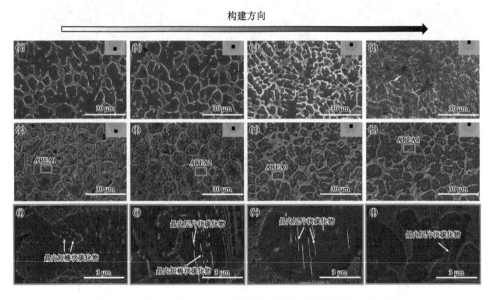

图 6-4 试样 K1 和 J1 中各沉积层典型枝晶形貌及碳化物析出

(a) 试样 K1 沉积层 1;(b) 试样 K1 沉积层 2;(c) 试样 K1 沉积层 3;(d) 试样 K1 沉积层 4;(e) 试样 J1 沉积层 1;
(f) 试样 J1 沉积层 2;(g) 试样 J1 沉积层 3;(h) 试样 J1 沉积层 4;(i) AREAJ1 放大图;(j) AREA2 放大图;(k) AREA3
放大图;(l) AREA4 放大图

3. TEM 表征

试样 K1 和 J1 的 TEM 表征结果如图 6-5 所示。试样 J1 中包含奥氏体和铁素体,而试样 K1 中只观察到奥氏体[图 6-5(a)],二者的衍射花样如图 6-5(d、h)所示。此外,通过衍射花样进一步确定了试样内部的碳化物为 M_7C_3 和 $M_{23}C_6$。以上 TEM 表征结果与 XRD 分析一致。试样 K1 和 J1 中的 M_7C_3 均含有层错,呈黑白条纹状。文献[8]中报道了类似结果，且 M_7C_3 中的层错密度随冷却速率提升而升高。层错的产生与温度及材料成分有关，Geng 等[9]推断大部分的层错形成于碳化物生长阶段。如图 6-5（c、e）所示，在碳化物之间还分布着氮化物，且试样 K1 中的氮化物尺寸显著小于试样 J1。图 6-5（g）表明在试样 K1 中还分布着大量的孪晶结构，而在试样 J1 中并未发现。层错能是影响孪晶形成的关键因素，普遍认为氮可以降低层错能，促进孪晶形成[10]。在水下环境中，环境压力的增加可以提升熔池内氮的溶解度[11]。因此，水下激光沉积再制造过程中会有更多的氮原子溶解到熔池中，可以预期试样 K1 内的层错能低于试样 J1。图 6-5（i）为碳化物和氮化物元素分布情况，可以看出，Cr 和 Fe 在碳化物中富集，表明形成了 $(Fe, Cr)_{23}C_6/(Fe, Cr)_7C_3$。氮和硅聚集在氮化物中，推断氮化物可能为 Si_3N_4。

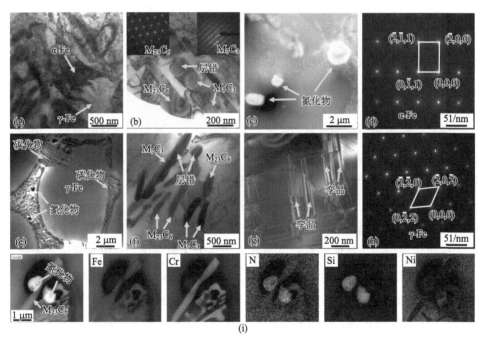

图 6-5　试样 K1 和 J1 的 TEM 表征

(a~c)试样 J1 中典型 TEM 图像；(d)铁素体衍射花样；(e~g)试样 K1 中典型 TEM 图像；(h)奥氏体衍射花样；
(i)碳化物和氮化物内元素分布

图 6-6 为试样 K1、K2、K3 和 J1 中典型位错结构的 TEM 图像，结果表明，位错密度与冷却速率成正比。Wang 等[12]的研究中报道了类似的位错密度与冷却速率之间的关系。在试样 K1 中可以观察到位错缠结和位错塞积，但尚未形成位

错壁。在试样 K3 中，位错结构是稀疏离散的。在试样 K2 和 J1 中，可同时观测到位错缠结和稀疏离散的位错结构。除此之外，在水下修复试样中可观察到明显的层错结构，而在陆上修复试样中并未发现。

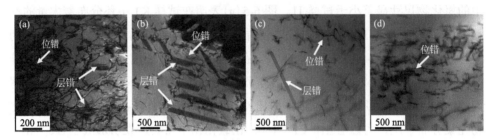

图 6-6 位错结构 TEM 图像

(a)试样 K1; (b)试样 K2; (c)试样 K3; (d)试样 J1

6.1.3 水冷效应对碳化物析出的影响

1. 碳化物析出行为

修复试样中的碳化物主要分布在晶界共晶区，少量分布在晶粒内部。通常来说，碳化物的形核和生长分为两个阶段，即凝固前因成分波动形成初生碳化物和凝固开始后由于元素偏析引发共晶反应形成共晶碳化物[13]，如图 6-7 所示。低氮 HNS 粉末进入熔池后迅速熔化分解释放出 Cr 和 C 原子。由于成分波动，熔点较高的初生碳化物在晶粒形核之前可通过非均质形核析出。基于式(6-3)可计算得到初生碳化物非均质形核的临界形核半径 r_0，其中 σ 为碳化物与液相间的界面能，T_m 为碳化物的熔点，ΔT_r 为过冷度，Δh_m 为单位体积碳化物的熔化潜热。Cr_7C_3 的熔点约为 1780℃，当熔池温度降至低氮 HNS 粉末的液相线(1416℃)时，此时的过冷度将达到约 319 K，这有利于碳化物析出。将相关参数的近似值($\sigma = 2$ J/m^2，$\Delta h_m = 1 \times 10^9$ J/m^3)代入式(6-3)，得到 r_0 的值约为 22.3 nm。这一临界值非常小，碳化物很容易在熔池中一些细小核心表面形核生长，液相中细小的氧化物、氮化物和碳氮化物均可视为非均质形核质点。在此之后，熔池温度降至液相线以下，晶粒形核生长，尺寸小、质量轻的初生碳化物会在晶粒生长过程被推至晶界处。反之，尺寸较大的碳化物则会被固/液界面捕获，形成晶内碳化物。

$$r_0 = \frac{2\sigma T_m}{\Delta T_r \Delta h_m} \tag{6-3}$$

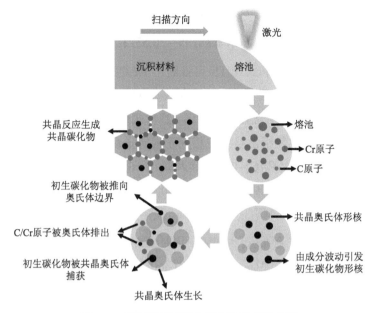

图 6-7　熔池凝固过程中碳化物形成示意图

共晶碳化物的析出与温度有关，可根据文献[14]的报道结果计算出修复试样内共晶碳化物的析出温度。为便于热力学计算，将 M_7C_3 和 $M_{23}C_6$ 视为 Cr_7C_3 和 $Cr_{23}C_6$。Cr_7C_3 和 $Cr_{23}C_6$ 的形成过程见式(6-4)和式(6-5)。Cr_7C_3 和 $Cr_{23}C_6$ 的标准吉布斯自由能可根据式(6-6)和式(6-7)计算得到，其中，T 为热力学温度，(s)表示固相。

$$7Cr(s) + 3C(s) = Cr_7C_3(s) \tag{6-4}$$

$$23Cr(s) + 6C(s) = Cr_{23}C_6(s) \tag{6-5}$$

$$\Delta G^{\theta}_{Cr_7C_3} = -153600 - 37.2T \tag{6-6}$$

$$\Delta G^{\theta}_{Cr_{23}C_6} = -309600 - 77.4T \tag{6-7}$$

式(6-8)表示固溶 Cr 在奥氏体中的反应及其相关的吉布斯自由能，碳在奥氏体中的标准平衡常数由式(6-9)给出。平衡常数与碳的吉布斯自由能之间的关系见式(6-10)，其中，R 代表理想气体常数。将式(6-9)代入式(6-10)中，可得碳的吉布斯自由能表达式，见式(6-11)。

$$Cr(s) = [Cr]_{\gamma}$$
$$\Delta G^{\theta}_{Cr} = 19878 - 46.86T \tag{6-8}$$

$$\lg[C(\gamma)] = 1.595 - \frac{1762}{T} \tag{6-9}$$

$$\Delta G_{\mathrm{C}}^{\theta} = -RT\ln[\mathrm{C}(\gamma)] = -2.303RT\lg[\mathrm{C}(\gamma)] \tag{6-10}$$

$$\Delta G_{\mathrm{C}}^{\theta} = 33735 - 30.532T \tag{6-11}$$

基于式(6-6)~式(6-8)和式(6-11)可推断出 $\mathrm{Cr_7C_3}$ 和 $\mathrm{Cr_{23}C_6}$ 在奥氏体中的析出所需的吉布斯自由能,结果见式(6-12)和式(6-13)。式(6-14)和式(6-15)给出了 $\mathrm{Cr_7C_3}$ 和 $\mathrm{Cr_{23}C_6}$ 的标准平衡常数。将式(6-12)和式(6-13)代入式(6-14)和式(6-15)中可得到奥氏体中碳化物析出温度与相应元素质量百分比的关系,见式(6-16)和式(6-17)。将[Cr]=15.9%和[C]=0.07%代入式(6-16)式(6-17),可知, $\mathrm{Cr_7C_3}$ 和 $\mathrm{Cr_{23}C_6}$ 的析出温度分别为1096.06℃和924.50℃。

$$\Delta G_{\mathrm{Cr_7C_3}}^{\theta}(\gamma) = \Delta G_{\mathrm{Cr_7C_3}}^{\theta} - 7G_{\mathrm{Cr}}^{\theta} - 3\Delta G_{\mathrm{C}}^{\theta} = -393951 + 382.416T \tag{6-12}$$

$$\Delta G_{\mathrm{Cr_{23}C_6}}^{\theta}(\gamma) = \Delta G_{\mathrm{Cr_{23}C_6}}^{\theta} - 23G_{\mathrm{Cr}}^{\theta} - 6\Delta G_{\mathrm{C}}^{\theta} = -969204 + 1173.572T \tag{6-13}$$

$$\Delta G_{\mathrm{Cr_7C_3}}^{\theta}(\gamma) = -RT\ln(C_{\mathrm{Cr}}^{7} \cdot C_{\mathrm{C}}^{3}) \tag{6-14}$$

$$\Delta G_{\mathrm{Cr_{23}C_6}}^{\theta}(\gamma) = -RT\ln(C_{\mathrm{Cr}}^{23} \cdot C_{\mathrm{C}}^{6}) \tag{6-15}$$

$$\ln(C_{\mathrm{Cr}}^{7} \cdot C_{\mathrm{C}}^{3}) = 45.997 - \frac{47384.05}{T_{\mathrm{Cr_7C_3}}} \tag{6-16}$$

$$\ln(C_{\mathrm{Cr}}^{23} \cdot C_{\mathrm{C}}^{6}) = 142.359 - \frac{116574.934}{T_{\mathrm{Cr_{23}C_6}}} \tag{6-17}$$

2. 热循环对沉积层碳化物特征的影响

在受损试样修复过程中不可避免地会产生热循环,从而诱导 IHT 效应,以此对共晶碳化物特征产生影响。为更好揭示 IHT 效应对碳化物特征的影响机制,本节采用有限元法对试样 J1 和 K1 的瞬态温度场进行建模分析(忽略环境压力对瞬态温度场的影响)。经实验验证的陆上及水下激光沉积梯形槽修复温度场有限元模型的详细信息可参考第3章的研究内容。图 6-8(a~d)为试样 J1 和 K1 不同沉积层间温度历程的对比结果,试样 K1 中不同沉积层温度监测点的峰值温度始终低于试样 J1,且试样 K1 的冷却速率始终高于 J1。在陆上激光沉积再制造过程中,前一层沉积材料的温度降至500℃左右后开始后续的沉积过程。因此,在试样 J1 中存在显著的热量积累。在水下激光沉积再制造过程中,由于水冷作用,试样 K1 散热加快,其内在的热量积累并不显著。此外,试样 K1 修复完成后,排水罩沿 x 轴方向移动,这将导致试样 K1 在水中迅速冷却至室温。Tao 等[15,16]指出,当回火温度超过570℃时, $\mathrm{Cr_7C_3}$ 开始溶解,超过800℃时试样内部只剩下 $\mathrm{Cr_{23}C_6}$。Hetzner

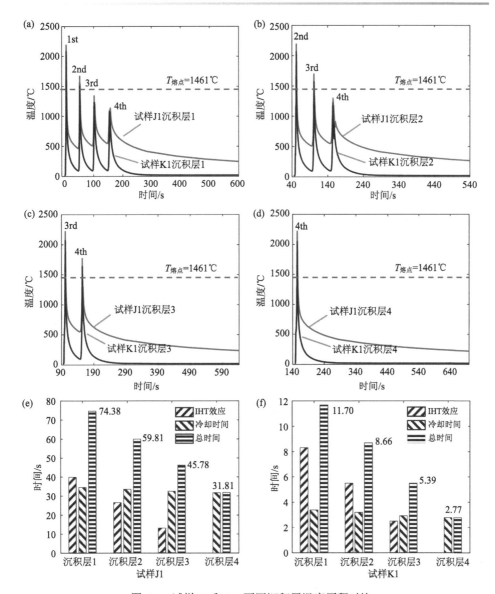

图 6-8　试样 J1 和 K1 不同沉积层温度历程对比

(a)沉积层 1 的温度历程；(b)沉积层 2 的温度历程；(c)沉积层 3 的温度历程；(d)沉积层 4 的温度历程；(e)试样 J1 不同沉积层高温持续时间统计结果；(f)试样 K1 不同沉积层高温持续时间统计结果

等[17]通过实验确定 $Cr_{23}C_6$ 的溶解温度为 933℃。在本节中，设定沉积材料在凝固冷却阶段处于 600~1000℃的温度区间将导致碳化物溶解。图 6-8(e、f)统计了试样 J1 和 K1 不同沉积层中由自身冷却和 IHT 效应引发的高温(600~1000℃)持续时间。在试样 J1 的每一沉积层中，上一层对下一层的热量积累产生的 IHT 效应引发的高温持续时间为 13.42 s，自身冷却所产生的高温持续时间为 31.81~34.61 s。在试样 K1 中，由于水冷，上一层对下一层由 IHT 效应引发的高温持续时间仅为 2.61 s，自身冷却所产生的高温持续时间为 2.77~3.39 s。沿着构建方向，试样 K1 和 J1 沉积层 1 到沉积层 4 中总的高温持续时间减小，其中，试样 K1 中的降幅更为显著。

图 6-3(b) 中所呈现的碳化物演化特征符合奥斯特瓦尔德熟化的特点。奥斯特瓦尔德熟化过程包括三部分：小颗粒溶解、溶质原子扩散及遇到大颗粒时的溶质原子沉淀[18]。形成碳化物的溶质原子(Cr、C)的扩散速率相对于碳化物析出速率要慢得多，因此碳化物的熟化过程主要受溶质原子的扩散距离影响。试样 K1 和 J1 中碳化物的平均间距分别为 56.01 nm 和 76.81 nm。基于这些前提，有必要确定在有限的时间内 Cr 和 C 在前三层沉积材料中的扩散距离是否超过碳化物的平均间距，从而确认奥斯特瓦尔德熟化是否适用于解释碳化物特征演变。C 是间隙原子，其扩散速率比 Cr 快得多，因此，Cr 在奥氏体中的扩散距离才是关键所在，其值可由式(3-5)和式(3-6)计算。式中，D 为扩散系数($3.5×10^{-4}$ m^2/s)[19]，Q 为活化能($2.86×10^5$J/mol)[19]，R 为通用气体常数[约为 8.314472J/(mol·K)]。温度 T 可表示为 $T=T_0-v_c t$，T_0 为初始温度(1000℃)，v_c 为平均冷却速率，可根据图 6-8 计算得到。表 6-3 为计算得到的试样 K1 和 J1 各沉积层在 600~1000℃温度范围内 Cr 的扩散距离。Pantawane 等[20]基于有限元模型，对 LPBF 制备得到的 Ti-6Al-4V 试样中 V 元素在热循环驱动下的平衡扩散距离进行了预测，发现预测值与实验结果吻合。因此，我们认为这种数值预测方法是可行的。

表 6-3　试样 K1 和 J1 各沉积层中 Cr 的扩散距离　　　　　(单位：nm)

试样	沉积层 1	沉积层 2	沉积层 3
K1	119.96	89.55	59.98
J1	307.98	239.68	171.38

试样 K1 中的高温持续时间极短，但 Cr 的扩散距离仍可超过碳化物的平均间距(56.01 nm)。在试样 J1 中，高温持续时间延长，各沉积层中 Cr 的扩散距离明显提高，均远超相应的碳化物平均间距(76.81 nm)。由此可说明，在热循环过程中，奥斯特瓦尔德熟化对碳化物特征演变起主导作用。热量积累沿着构建方向减弱，奥斯特瓦尔德熟化效应也随之降低。因此，从沉积层 1 到沉积层 4，碳化物

含量逐渐增加，平均尺寸逐渐减小。在陆上激光沉积再制造过程中，空冷引发的高温持续时间显著高于单次 IHT 效应所导致的高温持续时间。然而，在试样 K1 中，水冷引发的高温持续时间与单次 IHT 效应引起的高温持续时间之间的差异很小。故而，试样 J1 不同沉积层间总的高温持续时间变化趋势不如试样 K1 明显，导致试样 J1 中的碳化物特征演变并没有试样 K1 中显著。

图 6-4(i~l) 显示了在试样 J1 中可以观测到层片状或短棒状晶内碳化物。同时，此类碳化物的含量沿着构建方向逐渐降低。在等温时效过程中，富 Cr 碳化物的析出将严重降低奥氏体中的 Cr 浓度，稳态奥氏体将转变为亚稳态。亚稳态奥氏体在冷却过程中的分解反应可总结为：γ-Fe→α-Fe+富 Cr 碳化物。随着时效时间的延长，析出的碳化物首先沿晶界形核生长，随后向晶粒内部生长，最终形成层片结构。当时效时间超过临界值时，层片状碳化物会断裂成短棒状和颗粒状。共晶碳化物的大量析出将严重降低奥氏体的稳定性，在随后的冷却过程中，亚稳态奥氏体将分解为铁素体和富 Cr 碳化物，随着高温持续时间延长，分解反应进一步进行，晶内碳化物含量升高，且其形貌将由层片状转变为短棒状/颗粒状。在水下环境中，水冷效应大大降低了试样 K1 中的高温持续时间，故而在 K1 中并未发现此类晶内碳化物及铁素体。图 6-9 总结了试样 J1 和 K1 在凝固冷却不同阶段的微观组织演变。

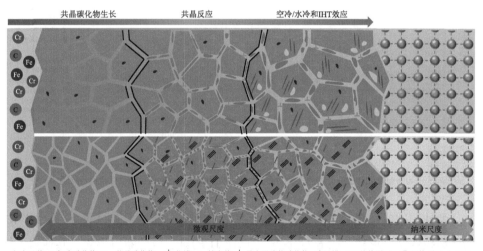

图 6-9　试样 J1（示意图上半部分）和 K1（示意图下半部分）在凝固冷却不同阶段的微观组织演变示意图

（扫码获取彩图）

6.1.4 水下激光沉积再制造低氮 HNS 力学性能表征

图 6-10(a)显示了所有修复试样的室温力学性能实验结果,从中可以看出,室温冲击韧性与抗拉强度的演变趋势相反。水下修复试样的力学性能测试结果与陆上修复试样相当,甚至更优,但均弱于高氮钢基板的力学性能(抗拉强度:1162.78 MPa;室温冲击韧性 50.50 J)。为了更好评估低氮 HNS 粉末作为沉积材料对受损高氮钢基板的修复结果,将实验得到的力学性能与同类产品进行比较。目前,对于激光沉积高氮钢的全面力学性能评价鲜有报道。为此,将本节中的力学性能实验结果与高氮钢焊接(氮含量 0.60%~0.75%)[21-24]、电弧增材制造双相不锈钢(氮含量 0.13%~0.22%)[25-27]以及选区激光熔融和激光沉积奥氏体不锈钢[28-30]的力学性能进行比较,结果如图 6-10(b)所示。对于大多数合金而言,往往需要兼具优异的抗拉强度和冲击韧性,但二者通常是相互矛盾的。与高氮钢焊接和电弧增材制造双相不锈钢相比,本节中的水下修复试样具备较高的抗拉强度和较低的冲击韧性。此外,选区激光熔融和激光沉积奥氏体不锈钢具有良好的冲击韧性,但抗拉强度远低于含氮钢。

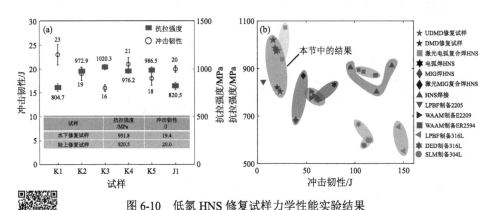

图 6-10 低氮 HNS 修复试样力学性能实验结果

(a)各修复试样的冲击韧性和抗拉强度实验结果;(b)与同类产品的力学性能进行比较
(扫码获取彩图)

拉伸测试后修复试样的断口形貌如图 6-11 所示,其中图 6-11(a~d)为试样 K1 的典型拉伸断口形貌,图 6-11(e~h)为试样 J1 的典型拉伸断口形貌。其他水下修复试样的断口形貌与 K1 类似,故只选取试样 K1 作为代表分析其断裂行为。图 6-11(a、e)为经解理断裂后典型的台阶形貌,且试样 J1 的台阶高度大于试样 K1。图 6-11(b、f)分别是图 6-11(a、e)的局部放大图,在解理台阶表面可观察到一些细小的韧窝，且韧窝之间分布有少量的河流纹路，说明试样的初始断裂为包含脆性与韧性的混合断裂模式。从图 6-11(c)中可以看出，裂纹沿柱状晶边界扩展，显示出晶间脆性断裂的特征。图 6-11(d)中可观察到脊骨纹路，这是典型的解理断裂特征之一。此外，在试样 J1 中可观测到大量的解理面，见图 6-11(g)。在试样 J1 中还可观测到少量的微孔洞[图 6-11(h)]。

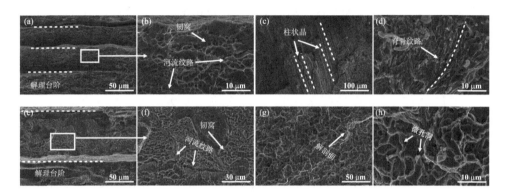

图 6-11　修复试样断口形貌

(a~d)试样 K1；(e~h)试样 J1

6.1.5　微观组织对低氮 HNS 力学性能的影响

碳化物的含量、形貌、尺寸以及晶粒平均尺寸等各种微观组织特征共同决定着高氮钢修复试样的冲击韧性。Luo 等[18]的报道称均质分布的细小碳化物可有效缓解硬脆碳化物对冲击韧性的负面影响。相反，大尺寸(300~500 nm)的碳化物可显著降低试样的冲击韧性。这些碳化物比奥氏体基体硬得多，微裂纹可沿粗大的共晶碳化物及奥氏体边界产生。随着热输入的增加，碳化物的析出受到抑制，但碳化物的等效直径增大，其形貌也从颗粒状转变为长棒状，其中，试样 K3 和 K5 内的碳化物等效直径均超过了 300 nm。同时，热输入的增加将导致较大的平均晶粒尺寸，冲击韧性与晶粒尺寸的关系可以用 Hall-Petch 方程来描述，晶粒细化有利于冲击韧性的增强。因此，水冷效应或较低热输入引发的快速熔池冷却有利于冲击韧性的提高。

Smith 等[31]通过定量分析确认激光沉积奥氏体不锈钢的主要强化机制为位错强化和成分强化。位错密度的增加加强了位错之间的相互作用，抑制了位错间相互运动。成分强化包括固溶强化和由元素偏析引发的强化作用。Cr 对保证钢的强度起着至关重要的作用,试样强度随着奥氏体基体中 Cr 浓度的降低而降低。富 Cr 碳化物的析出会消耗基体中的 Cr,导致其固溶强化降低[32],且固溶强化会随着共晶碳化物含量的增加而进一步降低。此外,与贫 Cr 区相比,富 Cr 区化学错配引起的共格内应力可抑制位错运动。偏析强化与元素偏析程度成正比,可用式 (6-18)进行粗略估计。关于该方程的详细介绍可参考文献[31]。在水下激光沉积再制造过程中,热输入增加导致冷却速率降低,位错密度随之降低,但共晶碳化物的析出受到抑制,这将导致固溶强化增强。同时,延长凝固时间可加剧元素偏析程度以及随之而来的共格内应力。在这种情况下,即使位错钉扎作用减弱,整体强度也有所提高。

$$\Delta\sigma = 0.57M(A\eta Y)^{\frac{1}{3}}\left(\frac{2\pi Gb}{d}\right)^{\frac{2}{3}} \tag{6-18}$$

6.2 水下激光沉积再制造高氮 HNS 微观组织演变及力学性能分析

6.2.1 水下激光沉积再制造高氮 HNS 工艺实验及孔隙缺陷分析

本节的实验水深为 30 m,对应的环境压力为 0.3 MPa,激光沉积再制造所用粉末为真空感应气雾化高氮 HNS 球形颗粒,粉末的元素成分如表 6-4 所示。所采用的加工工艺参数见表 6-5,水下修复试样命名为 W1,陆上修复试样命名为 B1。在水下激光沉积再制造过程中,所使用的激光光斑直径为 3 mm,压缩空气的压力为 0.4 MPa,载气和保护气压力均约为 0.45 MPa,流量均为 20 L/min。粉末汇聚点和光斑汇聚点重合,离焦量为 0 mm,搭接率为 50%,扫描路径均为 Z 字形。

表 6-4   高氮 HNS 粉末元素成分   (单位:%)

元素	C	Si	N	Cr	Ni	O	Mo	Mn	Fe
高氮 HNS 粉末	0.035	—	0.42	18.96	0.16	0.07	2.97	12.60	Bal.

表 6-5   激光沉积再制造加工工艺参数

试样	激光功率/W	扫描速度/(mm/min)	送粉速率/(g/min)	沉积层数	环境压力/MPa
B1	2500	1000	28	5	陆上常压
W1	2500	1000	28	5	0.3

　　经陆上及水下激光沉积再制造修复后的试样表面形貌和横截面如图 6-12 所示。两种工艺下的梯形槽缺陷均可被熔化后的高氮 HNS 粉末填满，在基体和修复区之间可观察到良好的冶金结合。陆上修复试样 B1 的修复区表面及横截面中均有肉眼可见的孔隙缺陷，但此类缺陷并未在水下修复试样 W1 中发现。使用 ONH 分析仪测试样 B1 和 W1 中氮含量发现，试样 B1 中的氮含量低于原始高氮 HNS 粉末(0.42%)，这与试样 B1 中严重的孔隙缺陷有关。作为对比，在水下压力环境中，试样 W1 中氮含量不仅没有降低，反而增加到了 0.52%。

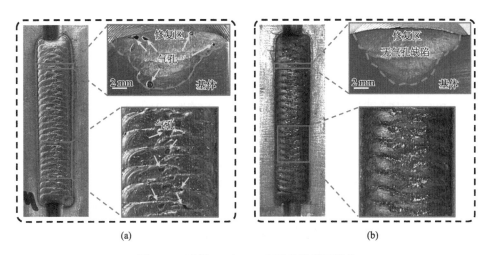

(a)　　　　　　　　　　　　　　　　(b)

图 6-12　试样 B1 和 W1 表面及横截面形貌

(a)陆上修复试样 B1；(b)水下修复试样 W1

6.2.2　水下压力环境对熔池氮行为的影响

1. 氮气孔形成机制

　　图 6-13(a)为高氮 HNS 熔池平衡凝固过程，凝固开始后铁素体率先从液相中析出，熔池内的固相分数(f_s)增加。当固相分数达到 70%时发生包晶转变，铁素体逐渐转变为奥氏体。将所用的高氮 HNS 粉末的化学成分代入相关氮溶解度模型中[33]，可得到各相中氮溶解度随温度的变化情况[图 6-13(b)]。氮在液相中的溶解度略高于奥氏体，显著高于铁素体。图 6-13(c)为固/液界面两侧氮浓度分布示意图，固相(C_S)中的氮浓度稳定在 KC_0，其中 K 为氮分配系数，C_0 为高氮 HNS 粉末中的氮含量(0.42%)。氮浓度在固/液界面处达到峰值(C_{max})，为 C_0/K。随着

远离固/液界面，氮浓度逐渐降低至 C_0。在远离固/液界面过程中，若某点处的氮浓度恰好等于氮溶解度，则该点到固/液界面的距离为氮过饱和区域的长度，假设为 Δx [图 6-13(c)]。

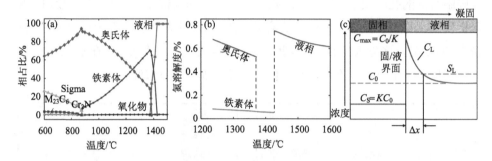

图 6-13 高氮 HNS 熔池平衡凝固

(a)高氮 HNS 熔池平衡凝固过程；(b)氮在各相中的溶解度随温度的变化；(c)固/液界面两侧氮浓度分布；S_L 为氮溶解度；C_L 为液相中的溶质浓度

凝固开始后，氮溶解度极低的铁素体率先析出导致残余液相中氮浓度持续积累。当氮浓度超过其相应的溶解极限时，氮气孔形成。包晶转变开始后，熔池内的固/液界面由铁素体/液相转变为奥氏体/液相。氮在铁素体和奥氏体之间的溶解度差异极大，导致氮在奥氏体/液相界面处的分配系数(0.8)远高于其在铁素体/液相界面处的 0.3[34,35]。当熔池处于常压环境纯氮保护氛围时，奥氏体/液相界面处的氮峰值浓度将低于相应的氮溶解度，不会产生氮气孔。由此，我们推断氮气孔是在铁素体的形核和生长过程中形成的，而凝固末期的包晶转变对其没有影响。

2. 水下压力环境对孔隙缺陷的影响

基于 Sievert 定律，熔池内氮溶解度(S_L)与熔池上方氮分压(P_{N_2})的平方根成正比[36]，根据式(4-2)~式(4-4)可计算熔池温度为 1873 K 时氮的溶解度。在水下激光沉积再制造过程中，增大的环境压力(0.3 MPa)可提升熔池表面的氮分压，试样 W1 熔池内的氮溶解度达到 1.088%，陆上修复试样 B1 熔池内的氮溶解度为 0.6147%。

在氮气保护氛围下，受压力渗氮效应影响，熔池在凝固时常伴随着氮吸收。氮气保护氛围内(热源空间)的氮浓度远高于熔池中的氮浓度，则在热源空间及熔池内部之间存在氮浓度梯度。受其驱动，氮分子通过 $N_2(g) = 2[N]$ 在气/液表面完成氮的传质[37]。渗氮过程遵循二级反应方程，如式(6-19)所示：

$$-\frac{d[N]_t}{dt} = k_N \cdot \frac{A}{V}([N]_t^2 - S_L^2) \tag{6-19}$$

式中，$[N]_t$ 为 t 时刻下熔池内的氮浓度(%)；A 为熔池与气相接触面积(cm^2)；V 为熔池体积(cm^3)；k_N 为液相中氮的传质系数(0.0218 cm/s)[36]。为方便计算 A/V 值，假定熔池的瞬时体积为半椭球，熔池的宽度为 a，长度为 b，深度为 c，则熔池上表面面积为 $A = \pi ab/4$，熔池体积表示为 $V = \pi abc/6$，得到 $A/V = 3/2c$。代入试样 W1 的平均熔深(1.36 mm)及熔池持续时间(0.38 s)。经压力渗氮效应，试样 W1 的熔池氮浓度将达到 0.503%，与实测值接近，仅比其低了 3%。由于更强烈的热量积累，陆上修复试样 B1 的平均熔深为 1.51 mm，熔池持续时间增加到 0.45 s，经过压力渗氮效应熔池内的氮浓度达到 0.461%，但由于氮流失，实测值仅为 0.40%。

考虑到压力渗氮效应对氮浓度的影响，凝固末期时的氮峰值浓度计算公式将由 $C_{max} = C_0/K$ 转变为 $C_{max} = (C_0 + \Delta C_N)/K$。然而，对于快速凝固，枝晶尖端前沿的溶质扩散与平面界面不同，氮实际峰值浓度会低于理论值。文献[38]也证实了随着凝固速率的增大，固/液界面处溶质峰值浓度降低。根据 Xiao 等[39]的模拟结果，实际的溶质峰值浓度只能达到理论值的 60%。综上所述，氮的峰值浓度计算公式将转变为：$C_{max} = k_0(C_0 + \Delta C_N)/K$，其中 k_0 为常数(0.6)。凝固过程中试样 W1 的理论氮峰值浓度为 1.01%，低于相应的氮溶解度，故熔池内不会产生氮气孔。试样 B1 的理论峰值达到 0.92%，远超相应的氮溶解度，故而产生孔隙缺陷。

6.2.3 水下激光沉积再制造高氮 HNS 微观组织表征

1. XRD 表征

试样 B1 和 W1 的 XRD 衍射图如图 6-14 所示，两类试样均由奥氏体和铁素体组成，表现为双相结构。基于 XRD 数据，通过改进的 Williamson-Hall 方法[40,41]可粗略估计两类试样的位错密度：试样 B1 中铁素体和奥氏体的平均位错密度分别为 $(2.31 \pm 0.92) \times 10^{14}$ m^{-2} 和 $(2.01 \pm 0.76) \times 10^{14}$ m^{-2}，而试样 W1 中铁素体和奥氏体的平均位错密度有所增加，分别为 $(2.91 \pm 1.21) \times 10^{14}$ m^{-2} 以及 $(2.27 \pm 0.88) \times 10^{14}$ m^{-2}。

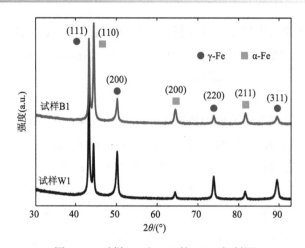

图 6-14 试样 B1 和 W1 的 XRD 衍射图

2. 金相组织

图 6-15 显示了两类试样修复区底部和中部区域的微观组织结构，修复区顶部的微观组织与中部类似。受最大温度梯度的驱使，两类试样底部区域的柱状晶沿构建方向定向生长。试样 B1 修复区中部区域充满了等轴晶，而试样 W1 修复区中部区域的微观组织形貌发生了显著变化，修复试样的奥氏体分为晶界奥氏体（grain boundary austenite，GBA）、魏氏体状奥氏体（Widmanstätten austenite，WA）和晶内奥氏体（intragranular austenite，IGA），与双相不锈钢的微观组织类似。此外，在试样 B1 中可观察到晶内二次奥氏体（secondary austenite，γ_2）。图 6-15（c、d、g、h）为修复区底部及中部区域微观组织的 SEM 图像，在两类试样的底部均可观察到相似的骨架状铁素体结构。在试样 B1 的中部区域，奥氏体含量稍高于铁素体，而在试样 W1 的中部区域，奥氏体的含量占据主导地位。除此之外，两类试样的组成相中还嵌有氧化物颗粒和一种 XRD 未识别到的金属间化合物。此类金属间化合物主要分布在两个区域：铁素体内部或奥氏体/铁素体边界处。根据文献[42]，这种金属间化合物为氮化铬（Cr_2N）。图 6-16 中的 EDS 分析进一步确认了富 Mn 氧化物和 Cr_2N 中的元素分布。

图 6-17（a、c）显示了试样 B1 和 W1 中的位错结构，在铁素体和奥氏体边界处存在位错塞积。在铁素体向奥氏体转变的过程中会发生元素再分配，与试样 W1 相比，试样 B1 的两相间元素差异更为显著。在水冷环境中，熔池凝固加快使得元素扩散时间降低，触发元素再分配的时间降低。

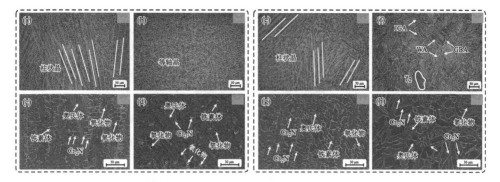

图 6-15　试样 B1 和 W1 的微观组织形貌

(a)试样 B1 底部微观组织 OM 图像；(b)试样 B1 中部微观组织 OM 图像；(c)试样 B1 底部的微观组织的 SEM 图像；(d)试样 B1 中部微观组织 SEM 图像；(e)试样 W1 底部微观组织 OM 图像；(f)试样 W1 中部微观组织 OM 图像；(g)试样 W1 底部微观组织 SEM 图像；(h)试样 W1 中部微观组织 SEM 图像

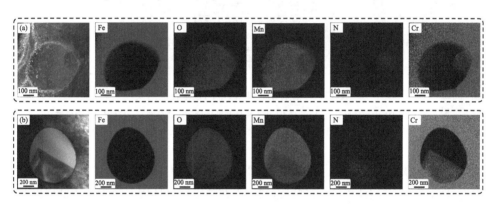

图 6-16　试样 B1 和 W1 中氧化物和氮化物的成分

(a)试样 W1；(b)试样 B1

3. EBSD 分析

对两类试样进行 EBSD 分析，以评估水下压力环境对界面晶体学特征的影响，结果见图 6-18。与 SEM 表征结果类似，试样 B1 和 W1 的反极图展示了两种工艺造成的奥氏体形貌间的差异。试样 B1 中的奥氏体占比为 63.5%，而在试样 W1 中，整个检测区域被奥氏体占据，奥氏体含量达到 84.4%。文献[25]表明，奥氏体和铁素体之间的取向关系大多符合 Kurdjumov-Sachs（KS）和 Nishiyama-Wassermann（NW）界面。在本节中，试样 B1 中的 KS/NW 界面占比达到 95%，而

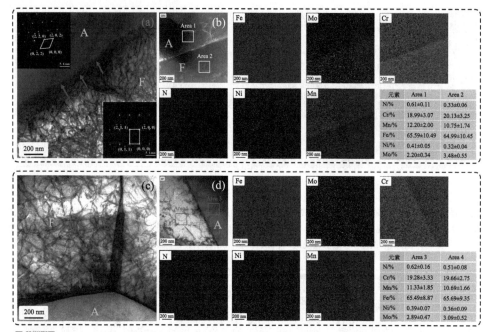

图 6-17 试样 B1 和 W1 的 TEM 表征结果

(a)试样 B1 中位错结构；(b)试样 B1 中奥氏体和铁素体间元素分布；(c)试样 W1 中位错
（扫码获取彩图） 结构；(d)试样 W1 中铁素体和奥氏体间元素分布；A 为奥氏体，下为铁素体

试样 W1 中的 KS/NW 界面占比仅为 56%。在试样 W1 中，小角度晶界的占比达到 43.8%，高于试样 B1 中的 26.7%，这归因于在陆上修复环境中较强的热量积累[43]。基于 EBSD 数据，表 6-6 列出了试样 B1 和 W1 的平均晶粒尺寸（定义为等效圆直径）和 GNDs 的值。试样 B1 中的铁素体和奥氏体平均晶粒尺寸分别为 $(5.93\pm2.65)\,\mu m$ 和 $(8.29\pm2.18)\,\mu m$，而在试样 W1 中，铁素体和奥氏体的平均晶粒尺寸降至 $(2.75\pm0.42)\,\mu m$ 和 $(5.87\pm1.83)\,\mu m$。试样 B1 中铁素体和奥氏体内的 GNDs 平均值分别为 $(1.09\pm0.32)\times10^{14}\ m^{-2}$ 及 $(1.13\pm0.34)\times10^{14}\ m^{-2}$，试样 W1 中铁素体和奥氏体内的 GNDs 平均值分别为 $(1.52\pm0.38)\times10^{14}\ m^{-2}$ 及 $(1.33\pm0.46)\times10^{14}\ m^{-2}$。通常来说，位错密度包括统计存储位错密度（statistically stored dislocation density，SSDs）和几何必须位错密度[44]。故而，基于 EBSD 分析获得的几何必须位错密度低于基于 XRD 数据得到的总位错密度。

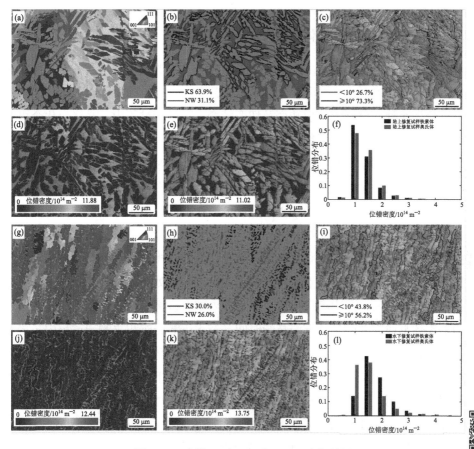

图 6-18　试样 B1 和 W1 中 EBSD 表征结果

（扫码获取彩图）

(a)试样 B1 的反极图；(b)试样 B1 中两相占比，其中，奥氏体相为绿色，铁素体相为红色，黑色线条为 KS 界面，蓝色线条为 NW 界面；(c)试样 B1 中界面取向，其中，红色线条代表小角度晶界，黑色线条代表大角度晶界；(d)试样 B1 中奥氏体 GNDs 分布；(e)试样 B1 中铁素体 GNDs 分布；(f)试样 B1 中 GNDs 分布统计结果；(g)试样 W1 的反极图；(h)试样 W1 中两相占比；(i)试样 W1 中界面取向；(j)试样 W1 中奥氏体 GNDs 分布；(k)试样 W1 中铁素体 GNDs 分布；(l)试样 W1 中 GNDs 分布统计结果

表 6-6　试样 B1 和 W1 中平均晶粒尺寸和位错密度的统计结果

试样	铁素体平均晶粒尺寸/μm	奥氏体平均晶粒尺寸/μm	铁素体中的 GNDs /$10^{14}m^{-2}$	奥氏体中的 GNDs /$10^{14}m^{-2}$
B1	5.93 ± 2.65	8.29 ± 2.18	1.09 ± 0.32	1.13 ± 0.34
W1	2.75 ± 0.42	5.87 ± 1.83	1.52 ± 0.38	1.33 ± 0.46

6.2.4   水下压力环境对铁素体向奥氏体转变的影响

与试样 B1 相比，水下压力环境改变了试样 W1 的奥氏体形貌、相界面及奥氏体占比。根据文献[45]的研究，在不同的温度区间内，铁素体向奥氏体的转变机制可分为两种，分别为扩散转变及切变转变。在转变过程中，晶格变化会引发弹性应变，受弹性应变的限制，相变不能进一步进行。在高温时，弹性应变在扩散主导的相变过程中容易得到松弛。此外，相对低温时的切变转变模型认为相变是通过原子跃迁发生的，在此过程中弹性应变可通过滑移引发的晶格不变剪切进行松弛[46]。由于氮在铁素体中的溶解度极低，在凝固过程中强奥氏体稳定元素氮将聚集在枝晶间的残余液相中，试样 B1 和 W1 中的晶界奥氏体均是由扩散机制转变而来的。凝固后，魏氏体状奥氏体通过切变转变机制在晶界奥氏体中形核，并持续生长至铁素体内部。铁素体在快速凝固过程中处于氮过饱和状态，若有充足的高温持续时间，晶内奥氏体会在铁素体内部直接析出[47]。由此可见，各类形貌的奥氏体形成需要一定的高温持续时间。在水下激光沉积再制造过程中，排水罩会在沉积材料堆积完成后移走，致使沉积材料在水环境中快速冷却。在 6.1 节中通过温度场有限元模型确认了与陆上环境相比，水下环境中的高温持续时间被大幅缩短。故而，试样 W1 在相对低温阶段内的奥氏体转变时间不足，魏氏体状奥氏体和晶内奥氏体无法形成。图 6-19 总结了上述铁素体向奥氏体转变过程。

不同的铁素体-奥氏体转变机制会显著影响试样中的 KS/NW 界面占比。奥氏体形核界面分为有理性构型和无理性构型[25]。两类试样的晶界奥氏体均是在高温区间内通过扩散机制转变而来的，在高温时，有理性构型和无理性构型下的奥氏体形核能垒差异较小，二者均可作为奥氏体形核界面。在这种情况下，并非所有的铁素体-奥氏体界面都完全符合 KS/NW 界面取向关系。试样 B1 中的魏氏体状奥氏体和晶内奥氏体是在相对低温时基于无理性构型通过切变转变而来的，较低的温度可增加形核过冷度，进而提高 KS/NW 界面占比。此外，基于切变转变的魏氏体状奥氏体和晶内奥氏体也可诱导奥氏体形核质点沿 KS/NW 界面生长。因此，试样 B1 中的 KS/NW 界面主要分布在魏氏体状奥氏体和晶内奥氏体边界处。

理论上，水下环境中的奥氏体转变时间缩短，试样 W1 中奥氏体占比应降低，但实验结果与之相反。氮是控制奥氏体形成的关键合金元素，一方面，氮含量的增加可提升镍当量，有利于组织的奥氏体化；另一方面，Zhao 等[48]通过实验发现氮可提高铁素体向奥氏体转变的起始温度，促使转变提前发生，从而提高奥氏体

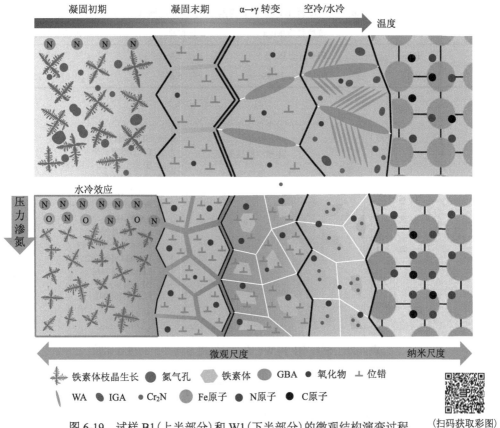

图 6-19　试样 B1（上半部分）和 W1（下半部分）的微观结构演变过程　（扫码获取彩图）

含量。试样 W1 中的氮含量比试样 B1 高 0.12%，奥氏体占比相应增加 20.9%。这一现象与文献[49]中的实验结果类似，在双相钢试样中观察到的奥氏体占比随氮含量提升几乎为线性增加，氮含量每增加 0.1%，奥氏体占比增加约 20%。

6.2.5　水下激光沉积再制造高氮 HNS 力学性能表征

表 6-7 列出了试样 B1 和 W1 的室温力学性能测试结果。试样 W1 的极限抗拉强度（ultimate tensile strength，UTS）显著高于试样 B1，达到了基体强度的 95%。试样 B1 中的孔隙缺陷使得其延伸率和冲击韧性急剧降低。此外，我们将本节得到的修复试样力学性能数据与 6.1 节中的同类产品进行比较，结果如图 6-20 所示。总体而言，试样 W1 具备卓越的抗拉强度，冲击韧性满足服役需求。

表 6-7 试样 B1 和 W1 的室温力学性能测试结果

试样	抗拉强度/MPa	延伸率/%	冲击韧性/J
B1	914.51±19.05	2.4	30.50±2.50
W1	1099.13±18.89	5.6	51.67±1.25

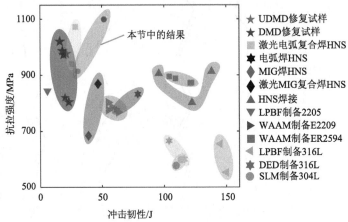

图 6-20 试样 B1 和 W1 的力学性能与同类产品进行比较

图 6-21 和图 6-22 分别为试样 W1 和 B1 的拉伸断口形貌，图 6-21(b~d) 和图 6-22(b~f) 分别为图 6-21(a) 和图 6-22(a) 中各矩形框的放大图。从图 6-21(a) 中

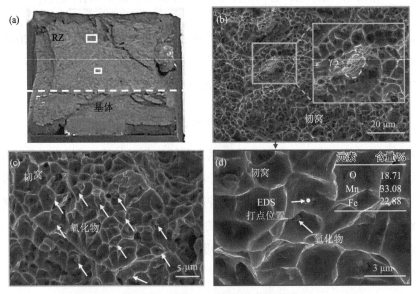

图 6-21 试样 W1 的拉伸断口形貌

可以看出，试样 W1 在拉伸过程中产生了明显的颈缩现象，而在试样 B1 中并未观察到。这一差异表明在断裂发生前，试样 W1 产生的塑性变形要大于试样 B1。图 6-21(b~d) 表明试样 W1 的断口中充满了大量均匀细小的韧窝，说明其破坏形式为韧性断裂。在韧窝中心可观察到球形夹杂，经 EDS 分析后确认为氧化物颗粒。反观试样 B1，在其宏观断口中有大量肉眼可见的孔隙缺陷[图 6-22(a)]。在孔隙缺陷周围分布着一些撕裂棱，紧接着是一些小而深的韧窝，随着远离孔隙缺陷，韧窝尺寸逐渐变大。韧窝中心处并未观察到同样的氧化物夹杂。此外，在试样 B1 的顶部和底部区域可同时观察到韧窝和解理面，表明试样 B1 的断裂模式为韧-脆混合断裂。

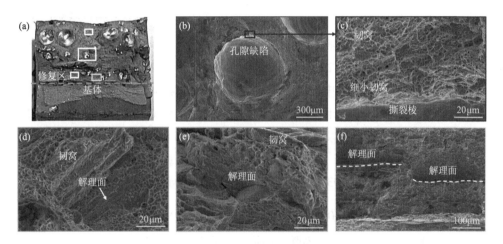

图 6-22　试样 B1 的拉伸断口形貌

6.2.6　水下压力环境对高氮 HNS 力学性能的影响

长久以来，研究人员认为试样中的孔隙缺陷对拉伸性能有负面影响，但其确切的影响机制存在争议。Jost 等[50]从 75 个试样中识别出近 50000 个孔隙缺陷，研究孔隙率与整体拉伸性能之间的关系。结果表明，塑性变形过程受孔隙缺陷影响最大，孔隙缺陷并不影响最终的抗拉强度。由此可以推断，试样 B1 中普遍存在的孔隙缺陷是导致其延伸率低的主要诱因。

拉伸实验表明，试样 W1 的抗拉强度优于同类产品，试样 B1 的抗拉强度稍逊于 W1，但也达到了 914.51 MPa。试样 W1 中显著的抗拉强度要归因于在水下环境中快冷引发的晶粒细化以及更致密的位错结构。此外，氮的固溶强化也至关重要。在本节中，采用个体强化贡献模型[51]来粗略估计试样 B1 和 W1 的抗拉强度，如式(6-20)所示：

$$\sigma_{HNS} = f_\alpha\sigma_\alpha + (1-f_\alpha)\sigma_\gamma \tag{6-20}$$

式中，σ_{HNS} 为试样的总抗拉强度；f_α 为铁素体的体积分数；σ_γ 和 σ_α 分别为来自奥氏体和铁素体的强度贡献[式(6-21)]，包括各自的晶界强化(σ^{GS})、固溶强化(σ^{SS})以及位错强化(σ^ρ)。

$$\sigma = \sigma^{GS} + \sigma^{SS} + \sigma^\rho \tag{6-21}$$

文献[52]中提到的经验关系[式(6-22)]可用来对固溶强化的值进行粗略估计，所有合金元素的计量单位均为质量分数(%)。在计算固溶强化时，必须要考虑两相间的元素分布。EDS 分析可定量获取置换原子的含量，但只能定性分析间隙原子(碳和氮)。在本节中，氮含量比碳含量高了一个数量级。故而，氮是决定固溶强化的关键合金元素。因此，获取两相中准确的氮含量是计算固溶强化的前提。以往的研究通常是将粉末中的氮含量或者奥氏体/铁素体中相应的平衡氮浓度代入公式计算。显然，这种计算方法是不够准确的。结合 ONH 分析仪定量获取的修复试样中准确的氮含量以及 EDS 分析得到的两相间氮含量的比值，可估算出奥氏体和铁素体中的氮含量，这种计算方式或许更加可靠。

$$\sigma_\alpha^{ss} = 1103.45C+1103.45N+25.8Si+19.2Ni+16.9Mn+15.9Mo+2.6Cr$$
$$\sigma_\lambda^{ss} = (1103.45C+1103.45N+25.8Si+19.2Ni+16.9Mn+15.9Mo+2.6Cr)^{\frac{2}{3}} \tag{6-22}$$

根据 Hall-Petch 关系，晶界强化的描述见式(6-23)，其中，k_y 为常数，d 为铁素体/奥氏体平均晶粒尺寸，可由 EBSD 分析获得。

$$\sigma^{GS} = k_y d^{-\frac{1}{2}} \tag{6-23}$$

基于 Taylor 方程[式(6-24)]可近似估算位错强化的数值，其中，α 为位错障碍系数，M 为泰勒因子，G 为剪切模量，b 为伯格斯矢量，ρ 为位错密度(代入 EBSD 测定的几何必须位错密度)。表 6-8 列出了这些参数的具体取值[53]。

表 6-8 位错强化相关参数具体取值[53]

参数	奥氏体	铁素体
M	3.1	2.7
G/GPa	81	83
b	0.26	0.25
α	0.475	0.475

$$\sigma^{\rho} = \alpha MGb\sqrt{\rho} \tag{6-24}$$

表 6-9 总结了试样 B1 和试样 W1 中各种强化机制对抗拉强度的贡献,并将其与陆上环境激光沉积制备的 2507 双相不锈钢试样及其退火状态下的结果进行比较。在水下环境中,熔池冷却速率加快,引发了晶粒细化以及位错密度增加,对试样 W1 总抗拉强度的提升起到了至关重要的作用。如上一节中所述,水下高压环境致使更多的氮渗入到试样 W1 中,使得试样 W1 中铁素体和奥氏体的固溶强化相对试样 B1 增强,但式(6-22)表明试样的固溶强化主要源于铁素体。从计算结果来看,即便试样 W1 中两相的固溶强化均高于试样 B1,试样 W1 中较少的铁素体占比仍导致其整体固溶强化弱于试样 B1。

表 6-9　试样 B1 和 W1 不同强化机制下计算得到的强化贡献总结　（单位：MPa）

个体贡献	公式	B1	W1	2507 DSS (DMD) [53]	SA[53]
位错强化	$f_{\alpha}\sigma_{\alpha}^{\rho} + (1-f_{\alpha})\sigma_{\gamma}^{\rho}$	310	353	374	411
晶界强化	$f_{\alpha}\sigma_{\alpha}^{GS} + (1-f_{\alpha})\sigma_{\gamma}^{GS}$	289	376	280	342
固溶强化	$f_{\alpha}\sigma_{\alpha}^{SS} + (1-f_{\alpha})\sigma_{\gamma}^{SS}$	254	222	274	192
	SUM$_{cal}$	853	951	928	945
	SUM$_{exp}$	914	1099	907	904

注：下标 cal 表示计算值；下标 exp 表示实验结果；2507 DSS（DMD）为陆上环境激光沉积制备的 2507 双相不锈钢，SA 表示其退火状态。

根据文献[54]和[55],试样的冲击韧性受奥氏体占比、晶粒尺寸、金属间化合物等微观组织特征的影响。根据 Hall-Petch 方程,晶粒细化有利于提高冲击韧性。试样 B1 中相对较粗的晶粒和较高的铁素体含量确实会弱化冲击韧性,但这并不是主导因素,试样 B1 中普遍存在的孔隙缺陷才是最致命的。通常,由于金属间化合物的析出,不锈钢易遭受脆化,即使少量的金属间化合物也会影响冲击韧性。这些金属间化合物的晶体结构中缺乏易滑移体系,表现为脆性。试样 W1 中奥氏体含量较高,且更为致密,但受不稳定流场及渗氮效应影响,其内部大量存在的氧化物和氮化物限制了冲击韧性的进一步提高。

6.3　水下压力环境氮分压调控水下激光沉积再制造高氮 HNS

6.3.1　氮分压调控水下激光沉积再制造高氮 HNS 工艺实验

本节的研究内容是 6.2 节的延续,所涉及的工艺参数与 6.2 节中一致,拟通过在水下压力环境中调节激光沉积再制造过程中的氮分压，以优化相占比和控制金属间化合物析出，从而实现修复试样力学性能的进一步提升。将不同占比的氮气及氩气混合，制备成三种类型的保护气，对应试样命名为 PG1、PG2 和 PG3，具体气体配比为 PG1 = 50% Ar + 50% N_2，PG2 = 30% Ar + 70% N_2 和 PG3 = 10% Ar + 90 % N_2。

图 6-23 展示了所有修复试样的横截面形貌，从中可以看出修复区与基板间的冶金结合良好。在修复区没有观察到肉眼可见的氮气孔及未熔合缺陷。沉积效率（deposition efficiency，DE）是水下原位修复的关键指标，实现高效沉积是当前的追求目标。沉积效率的数学表达式见式(6-25)，其中，m_1 表示修复后的试样重量(g)，m_2 表示修复前破损高氮钢基板的重量(g)，ρ 表示沉积材料的密度(g/cm³)，t 表示修复实验持续时间(h)。从图 6-23 中可以看出，沉积效率随保护气中氩气占比的提升而升高。这一现象可归因于氮气与氩气间气体物理性质的差异[56]，一方面，氮气的导热系数为 0.025 W/(m·K)，高于氩气的 0.016 W/(m·K)，氮气占比更高可加快散热，降低熔池的热量积累。另一方面，在热源空间内，具备双原子结构的氮气分子可在高温的作用下解离为氮原子。解离过程常常伴随着吸热，氮气的解离将消耗激光能量。随着保护气中氮气占比提升，解离吸热增加，可降低熔池对于激光能量的吸收，加快熔池冷却。熔池内部热量积累降低，熔池体积势必会缩小，故而粉末利用率降低，沉积效率也随之下降。

$$DE = \frac{m_1 - m_2}{\rho t} \tag{6.25}$$

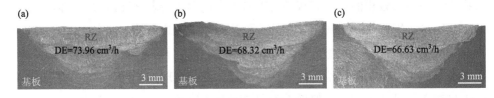

图 6-23　修复试样的横截面形貌
(a) PG1；(b) PG2；(c) PG3

图 6-24 为各修复试样横截面内典型氮气孔分布情况（OM 图像），从中可以看出，试样 PG1 中的氮气孔分布较为密集，氮气孔平均孔径为 41.36 μm，孔隙率达到了 (0.63±0.12)%。当保护气体中氮气占比达到 70% 时，PG2 中氮气孔数量减少，平均孔径为 16.41 μm，孔隙率降至 (0.16±0.05)%。当保护气中氮气占比增加到

90%时，即使在显微镜下也几乎观测不到氮气孔，PG3 中的孔隙率仅为 (0.094±0.03)%，平均孔径为 9.76 μm。

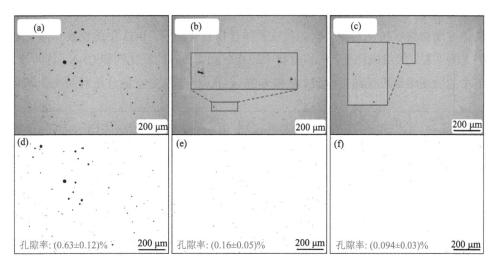

图 6-24 修复试样的孔隙率

(a、d) PG1；(b、e) PG2；(c、f) PG3

6.3.2 氮分压调控高氮 HNS 修复试样微观组织表征

图 6-25 为修复试样 PG1~PG3 的 XRD 衍射图，在不同氮分压下，XRD 表征结果几乎没有差异，所有试样均由奥氏体和铁素体组成，呈双相结构。

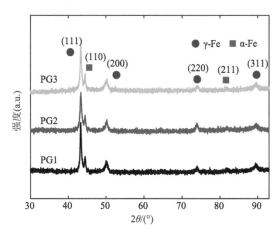

图 6-25 试样的 XRD 衍射图

图 6-26 为修复试样 PG1~PG3 的微观组织表征结果。图 6-26（a~c）表明，试样的晶粒以等轴晶为主。对于保护气中氮气占比最低的试样 PG1，其内部可观察到大量的由奥氏体包裹的块状铁素体。随着氮分压升高，试样 PG2 和 PG3 中的铁素体逐渐由块状转变为骨架状，且铁素体含量显著降低，PG3 中的铁素体演变趋势尤为明显。除组成相外，沉积材料中还观察到富 Mn 的氧化物和 Cr_2N，这与 6.2 节中的微观组织表征结果一致。从图 6-26（g~i）中可以看出，氮分压对两类金属间

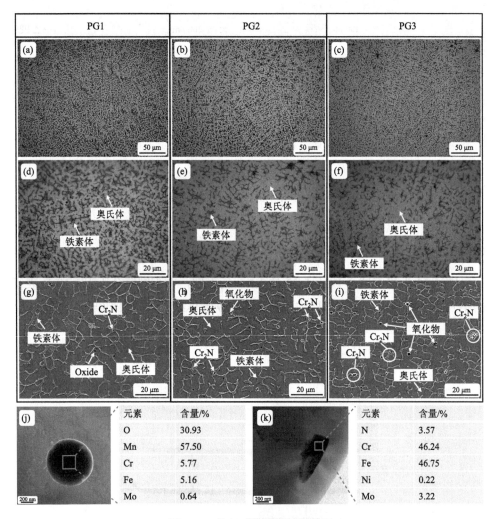

图 6-26   修复试样微观组织表征

（a、d）试样 PG1 的 OM 图像；（b、e）试样 PG2 的 OM 图像；（c、f）试样 PG3 的 OM 图像；（g）试样 PG1 的 SEM 图像；（h）试样 PG2 的 SEM 图像；（i）试样 PG3 的 SEM 图像；（j）氧化物的元素成分；（k）Cr_2N 的元素成分

化合物的含量有显著影响，它们的含量随着氮分压升高而增加，其中，Cr_2N 颗粒在 PG3 的铁素体内部出现团簇现象（圆圈标注）。

图 6-27 为通过 TEM 图像统计得到的修复试样 PG1~PG3 中氧化物粒径分布结果。由于氮化物不规则的形状会对统计结果造成误差，在本节中只对氧化物的粒径进行统计。在所有的修复试样中，PG3 中的氧化物平均粒径最大，达到了 (868.82 ± 144.15)nm，其次是 PG2，其平均粒径为 (614.73 ± 106.71)nm，PG1 中的氧化物平均粒径最小，为 (430.18 ± 72.65)nm。

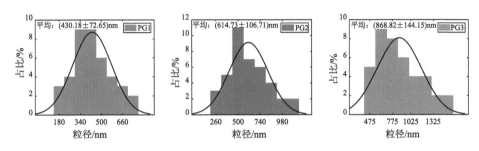

图 6-27   修复试样 PG1~PG3 中氧化物粒径分布

图 6-28（a~c）为修复试样 PG1~PG3 中典型位错结构，在 PG1 中，除密集的位错线外，还可观测到大量分布的层错，在 PG2 中，层错数量大幅降低，PG3 中只观察到位错结构，并未发现层错。此外，在图 6-28（d）中观察到氧化物周围存在位错缠结。沉积材料具备双相结构，在铁素体向奥氏体转变时，奥氏体稳定元素，如 Mn、Ni 及 N 将富集在奥氏体中；铁素体稳定元素，如 Cr、Mo，将富集在铁素体中［图 6-28（e）］。图 6-28（f~j）统计了不同试样中奥氏体和铁素体间的元素含量。结果表明，随着氮分压升高，铁素体和奥氏体间元素含量差异降低。如前文所述，在保护气体中加入氮气可以加快熔池冷却速率并缩短熔池持续时间，这可抑制元素在两相间的再分配。另值得注意的是，PG1 中奥氏体和铁素体的氮含量都均低于 PG2 以及 PG3，这可能与 PG1 中存在显著的孔隙缺陷有关。

图 6-29（a~f）为修复试样内奥氏体的极图与反极图，在 PG1 中，<111>方向的织构较强，而在 PG2 和 PG3 中，<110>方向的织构占据主导地位。在沉积过程中，最大温度梯度与构筑方向（BD）一致[57]，因此<100>方向的织构取向应是首选的生长方向。从 EBSD 分析结果中可看出，由较高氮分压制备的试样织构取向与最大温度梯度方向一致。此外，最大取向强度随氮分压升高而降低，PG1 中最大值为 10.16，PG2 中为 9.28，PG3 中降至 7.90。

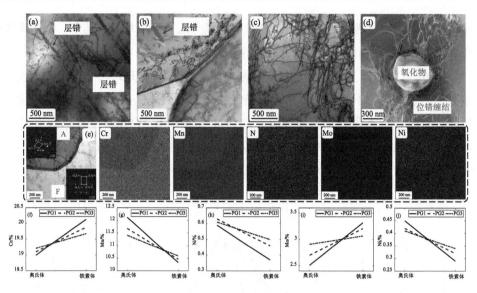

图 6-28　TEM 表征结果

(a) PG1 中典型位错结构；(b) PG2 中典型位错结构；(c) PG3 中典型位错结构；(d) 氧化物周围形成的位错缠结；
(e) 铁素体和奥氏体间元素分布；(f~j) 奥氏体和铁素体间元素含量定量分析；A 为奥氏体；F 为铁素体

与金相表征结果一致，随着氮分压增加，试样中的铁素体占比降低，PG1 中的铁素体占比最高，达到 21.2%，其次是 PG2，为 18.6%，PG3 中最低，仅为 16.1%。此外，氮分压也会影响晶界取向分布，在试样 PG1 中，小角度晶界占比达到了46.1%，而在 PG2 和 PG3 中，小角度晶界占比提升至 50.1% 与 53.9%。表 6-10 中的结果表明，随着氮分压提升，试样的平均晶粒尺寸有所降低，晶粒逐渐细化，该实验结果可进一步证明保护气中添加氮可加快散热，提升熔池内的冷却速率。除此之外，随氮分压提升，试样中的几何必须位错密度增加，位错结构更加致密。

表 6-10　试样 PG1~PG3 平均晶粒尺寸和几何必须位错密度对比

试样	铁素体平均晶粒尺寸/μm	奥氏体平均晶粒尺寸/μm	铁素体中几何必须位错密度/$10^{14}\mathrm{m}^{-2}$	奥氏体中几何必须位错密度/$10^{14}\mathrm{m}^{-2}$
PG1	2.35±0.48	6.86±1.36	1.21±0.45	1.13±0.36
PG2	2.27±0.51	5.95±1.76	1.36±0.72	1.18±0.51
PG3	2.12±0.47	5.64±1.79	1.42±0.52	1.20±0.62

试样 PG1~PG3 中奥氏体/铁素体界面处的取向角分布如图 6-30 所示，所有试样的取向角峰值均出现在 42°~46°，且峰值高度随着氮分压升高而降低。如 6.2 节

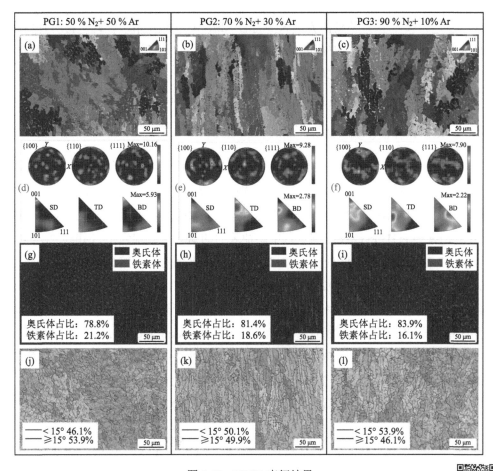

图 6-29　EBSD 表征结果

（a、d）PG1 中极图与反极图；（b、e）PG2 中极图与反极图；（c、f）PG3 中极图与反极图；
（g）PG1 中两相占比；（h）PG2 中两相占比；（i）PG3 中两相占比；（j）PG1 中晶界取向分布；
（k）PG2 中晶界取向分布；（l）PG3 中晶界取向分布

（扫码获取彩图）

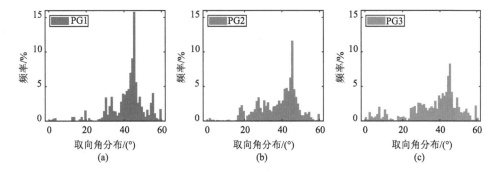

图 6-30　试样 PG1~PG3 在奥氏体/铁素体边界处的界面取向角分布

中所述,奥氏体/铁素体处的界面大多符合 KS/NW 取向关系。因此,将所有界面分为三类:KS 界面、NW 界面以及其他界面。统计结果显示,随着氮分压增加,试样中的 KS/NW 界面占比降低,PG1 中的 KS 和 NW 界面为 38.3%和 33.8%,PG2 和 PG3 中的分别为 25.5%、24.4%以及 20.5%、15.4%。

6.3.3 修复试样氧、氮含量分析

表 6-11 列出了试样 PG1~PG3 中氧元素及氮元素含量。受压力渗氮效应影响,试样 PG2 与 PG3 中的氮含量从 0.42%分别增加至 0.47%以及 0.51%,而试样 PG1 中存在的孔隙缺陷造成的氮流失,使氮含量降至 0.41%。在水下压力环境下(0.3 MPa),试样 PG1~PG3 在凝固过程中熔池表面的氮分压分别为 1.5 MPa、2.1 MPa 以及 2.7 MPa。熔池温度处于 1873 K 时,PG1~PG3 对应的熔池氮溶解度分别为 0.7897%、0.9221%以及 1.0378%。基于渗氮模型,PG1~PG3 对应的熔池氮浓度将分别达到 0.4433%、0.4646%以及 0.4838%。将这些计算值代入修正后的氮峰值浓度计算公式,得到 PG1~PG3 的氮峰值浓度分别为 0.8866%、0.9292%以及 0.9676%。PG1 中的氮峰值浓度显著高于相应的氮溶解度;PG2 中的氮峰值浓度稍高于相应的氮溶解度;PG3 中的氮峰值浓度略低于氮溶解度。这些计算结果可解释试样 PG1 中存在严重的孔隙缺陷,PG2 中孔隙缺陷明显降低,PG3 中几乎不存在孔隙缺陷。

表 6-11 试样 PG1~PG3 氮、氧含量表征 （单位：%）

试样	氮	氧
PG1	0.41	0.048
PG2	0.47	0.053
PG3	0.51	0.057

根据表 6-11,试样的氧含量与氮分压成正比,沉积材料中的氧主要存在于氧化物中,测得的氧元素浓度可反映试样中氧化物颗粒的含量。文献[58]中指出,保护气中氮气占比升高会降低对熔池的保护作用,导致试样在凝固过程中混入更多的氧元素,试样中的氧化物含量及尺寸均有所增加,这一现象与图 6-27 的统计结果一致。在热源空间内,氮气受热解离为氮原子([N]),进而与氧反应生成 NO,NO 随后与熔池中的 Fe 反应生成 FeO。故而,试样中的氧元素含量随氮分压增加而增加。另外,局部干区中存在用于排水的压缩空气以及保护熔池的混合气体(Ar

+ N_2）。氩气的密度为 1.78 kg/m^3，高于氮气的密度（1.25 kg/m^3）。高密度的保护气在与压缩空气相互作用时存在优势，可在一定程度上保持稳定，防止压缩空气混入熔池。为验证这一猜想，搭建了一个气-液-固耦合模型来分析局部干区内压缩空气与保护气间的相互作用。相关模型介绍及控制方程的详细描述可在文献[59]中查阅。图 6-31（a）为模型的计算域划分，图 6-31（b）为模型的初始化设置，其中，红色表示气相（压缩空气、保护气及送粉气），蓝色表示液相（水），模型底部设置为固相界面。图 6-31（c、d）分别为纯氩气及纯氮气作为保护气时的计算结果（计算时间为 0.075 s）。在通入压缩空气和保护气的瞬间，沉积区域的水被立即排开，形成稳定的局部干区。压缩空气的流线表明，在局部干区形成后，大部分的压缩空气流向外侧，但有少量的压缩空气回流至热源空间附近，并不断冲击着热源空间。回流区的压缩空气可与保护气混合，从而将额外的氧元素引入熔池。由于气体物理性质不同，氩气保护氛围下的回流区面积明显小于氮气保护氛围。回流区面积减小意味着压缩空气与保护气间的相互作用减弱，保护气可为熔池提供更好的保护作用。

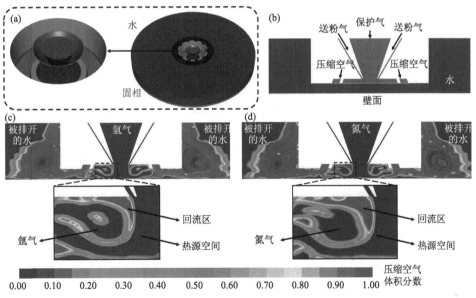

图 6-31　压缩空气与保护气间相互作用模型

(a)模型计算域划分；(b)模型初始化设置；

(c)保护气为氩气 0.075 s 时计算结果；(d)保护气为氮气 0.075 s 时计算结果

（扫码获取彩图）

6.3.4 氮分压对修复试样微观组织演变的影响

EBSD 表征揭示了氮分压对奥氏体占比的影响，随着氮分压的增加，试样中的奥氏体含量逐渐增加。氮分压的增强提升了氮在熔池内的溶解度，增强了渗氮效应。氮元素作为一种强有力的奥氏体稳定元素，可通过提高奥氏体转变的起始温度，促进奥氏体析出 [图 6-32 (a)]。另外，保护气中氮气占比提高，可加快熔池冷却，降低奥氏体转变反应时间，进而减少奥氏体析出。保护气中氮气占比对奥氏体析出的影响是综合上述因素相互竞争的结果，从实验结果来看，促进作用占据主导。

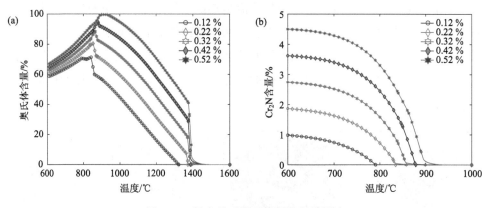

图 6-32　氮含量对微观组织演变的影响

(a) 奥氏体；(b) Cr$_2$N

除了奥氏体外，氮分压的升高同样促进了 Cr$_2$N 析出。通常来说，铁素体中的氮溶解度不超过 0.1%，但图 6-28 (f~j) 中的结果表明铁素体中的氮含量远超这一临界值，故而铁素体内的氮处于过饱和状态。考虑到氮在铁素体中具有较快的扩散速率，氮过饱和状态的铁素体处于亚稳态，可在热循环作用下转变为 Cr$_2$N 及二次奥氏体[60]。相比之下，氮在奥氏体中具备更高的溶解度，且氮在奥氏体中扩散速率相对较慢，因此可将奥氏体视为氮的存储库。提升氮分压一方面可加强渗氮效应，增加试样中铁素体的氮过饱和度，促进 Cr$_2$N 析出；另一方面，氮分压提升可促进奥氏体析出，降低亚稳态铁素体的占比，降低 Cr$_2$N 析出。图 6-32 (b) 的计算结果综合考虑了上述两类影响因素，图中计算结果与实验结果一致。

此外，EBSD 分析表明，随着氮分压增加，试样中的位错密度增加。造成这一现象的原因有以下两方面：①氮原子的存在促进了 N 与 Cr 之间的短程有序，阻碍了位错交叉滑移，促进了位错沿特定平面滑动[60]，此类滑动将导致位错密度成倍增加；②冷却速率的增加可间接促使位错密度增加。在保护气中加入氮，可加快散热，减少热输入，加快熔池冷却，以此增加位错密度。

基于仿真、热力学分析以及微观组织表征，总结了氮分压对微观组织演变的影响（图 6-33）。随着保护气中氮气占比的增加，施加在熔池上方的氮分压增强，致使熔池内的氮溶解度提升。因此，氮分压的提升促进了渗氮效应，但也削弱了对熔池的保护作用。熔池表面氮分压较大时，试样的孔隙缺陷虽得以消除，但也析出了更多的硬脆氧化物和 Cr_2N。此外，在较大氮分压氛围下，试样的位错结构变得更致密。

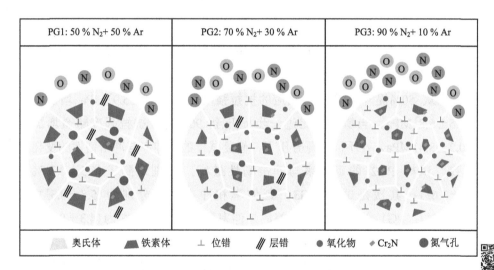

图 6-33　试样 PG1~PG3 微观组织演变示意图

（扫码获取彩图）

试样 PG1 中奥氏体/铁素体界面处的 KS/NW 界面占比达到 72.1%，高于 PG2 中的 49.9%以及 PG3 中的 35.9%。铁素体向奥氏体转变的机制分为两类，分别是高温时的扩散机制以及相对低温时的切变机制。在扩散机制下，元素扩散主导了界面扩展，促使界面沿着非 KS/NW 界面移动，而切变机制则促进了奥氏体沿 KS/NW 界面生长。沉积结束后，排水罩移走，沉积材料浸泡在水环境中快速冷却，跳过了奥氏体切变过程。水下修复试样的奥氏体均由扩散机制转变而来，故不同试样间 KS/NW 界面占比与切变机制无关。奥氏体的形核界面分为有理性构型及无理性构型。熔池冷却速率加快有利于奥氏体沿有理性构型形核生长，增加了

KS/NW 界面的占比。反之，熔池缓慢冷却则促进奥氏体沿无理性构型形核生长，增加非 KS/NW 界面占比。实验结果表明，随着氮分压增加，熔池冷却速率加快，但 PG2 及 PG3 中没有观察到预期的 KS/NW 界面占比增加。因此，冷却速率对 KS/NW 界面占比的影响并不占主导。如图 6-32(a) 所示，熔池内氮含量的升高可促进奥氏体转变在高温时提前发生。在相对高温时，有理性构型和无理性构型之间的形核壁垒差异并不显著，两种构型均可作为奥氏体形核界面，但并不是所有的界面都满足 KS/NW 界面取向关系。总体而言，是氮含量差异导致的奥氏体转变起始温度不同引发了试样间 KS/NW 界面占比的差异。

6.3.5　氮分压调控对高氮 HNS 力学性能的影响

1. 力学性能表征

从表 6-12 中可看出，在水下激光沉积再制造过程中氮分压可显著影响修复试样的力学性能。修复试样的抗拉强度与熔池上方的氮分压成正比，随着保护气中氮气占比从 50%提升至 70%，相应的抗拉强度从 (1119.7±5.9)MPa 增加到了 (1163.5±6.8)MPa，当氮气占比进一步提升至 90%时，抗拉强度略微增加到 (1170.2±8.4)MPa。在不同的氮分压下，修复试样的延伸率与冲击韧性的变化趋势一致。试样 PG2 的延伸率与冲击韧性最好，分别达到了 (6.5±0.3)% 及 (57.8±3.6)J；其次是试样 PG3，延伸率和冲击韧性分别为 (5.8±0.3)% 及 (50.2±1.8)J；PG1 的冲击韧性最差，延伸率和冲击韧性分别为 (4.3±0.2)% 及 (37.6±2.5)J。综合来看，试样 PG2 的综合力学性能最优。图 6-34 展示了本节中测得的力学性能与同类产品的比较情况，氮分压调控后的修复试样表现出超强的抗拉强度以及尚可的冲击韧性，试样 PG2 的综合力学性能超过了 6.2 节中的测试结果。

表 6-12　试样 PG1~PG3 力学性能测试结果

试样	抗拉强度/MPa	冲击韧性/J	延伸率/%
PG1	1119.7±5.9	37.6±2.5	4.3±0.2
PG2	1163.5±6.8	57.8±3.6	6.5±0.3
PG3	1170.2±8.4	50.2±1.8	5.8±0.3

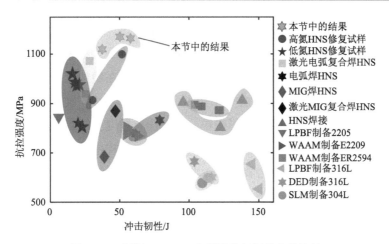

图 6-34　试样 PG1~PG3 力学性能与同类产品比较

2. 氮分压调控对力学性能的影响

1)抗拉强度

在本节中，对修复试样的抗拉强度进行定量表征，以揭示氮分压对抗拉强度的影响。修复试样的抗拉强度主要源于位错强化、固溶强化以及晶界强化，结果见表 6-13。总体而言，理论计算结果(PG1：868.8 MPa、PG2：903.5 MPa、PG3：911.2 MPa)低于实验结果，但不同试样间强度变化趋势与实验结果一致。在所有修复试样中，PG1 的各项强化机制均是最弱的，这导致其在总强度方面的不足。与 PG2 相比，PG3 的晶界强化和位错强化略高，但其固溶强化不如 PG2。因此，PG3 的总强度仅略高于 PG2。

表 6-13　试样 PG1~PG3 不同强化机制下计算得到的强化贡献总结　　(单位：MPa)

试样	固溶强化	位错强化	晶界强化	总强度理论值	实验值
PG1	203.9	321.8	343.1	868.8	1119.7
PG2	214.4	331.9	357.2	903.5	1163.5
PG3	212.6	336.1	362.5	911.2	1170.2

2)冲击韧性

试样的冲击韧性受多方面因素的影响，包括奥氏体占比、晶粒尺寸、孔隙缺陷、位错密度以及金属间化合物等。修复试样表现为双相结构，其内部的奥氏体延展性好于铁素体，奥氏体占比升高可提升冲击韧性。晶粒细化也是提升试样冲击韧性的有益因素，它们之间的关系可由 Hall-Petch 公式描述。修复试样中微米级的硬脆金属间化合物将严重降低试样的冲击韧性。在塑性变形过程中，硬脆金属间化合物的存在将导致应力/应变不兼容。由于应力集中，硬脆相与基体间的界面可诱导裂纹萌生。氧化物为球形颗粒，可在一定程度上缓解应力集中，而不规则的 Cr_2N 将势必加剧冲击过程的应力集中程度。试样中的孔隙缺陷对冲击韧性的弱化作用与硬脆金属间化合物类似。此外，位错可通过抑制塑性变形来提高试样的屈服强度和抗拉强度，但也降低了冲击韧性。

基于上述分析，在低氮分压的情况下，熔池内的低氮溶解度不足以容纳如此多的氮原子，从而导致孔隙缺陷的产生，这是 PG1 中冲击韧性差的本质原因。氮分压增大可在消除孔隙缺陷的同时引发晶粒细化，但这也促进了硬脆金属间化合物的大量析出。试样 PG2 通过有效平衡这些影响因素，表现出最优的冲击韧性。

参 考 文 献

[1] Hao K D, Zhang C, Zeng X Y, et al. Effect of heat input on weld microstructure and toughness of laser-arc hybrid welding of martensitic stainless steel[J]. Journal of Materials Processing Technology, 2017, 245: 7-14.

[2] Li B, Qian B, Xu Y, et al. Additive manufacturing of ultrafine-grained austenitic stainless steel matrix composite via vanadium carbide reinforcement addition and selective laser melting: Formation mechanism and strengthening effect[J]. Materials Science and Engineering: A, 2019, 745: 495-508.

[3] Zhao S M, Yan P T, Li M, et al. Residual stress evolution of 8YSZ: Eu coating during thermal cycling studied by Eu^{3+} photoluminescence piezo-spectroscopy[J]. Journal of Alloys and Compounds, 2022, 913: 165292.

[4] Yi Y L, Li Q, Xing J D, et al. Effects of cooling rate on microstructure, mechanical properties, and residual stress of Fe-2.1B（wt%）alloy[J]. Materials Science and Engineering: A, 2019, 754: 129-139.

[5] Simon C, Gao J, Mao Y, et al. Fast scanning calorimetric study of nucleation rates and nucleation transitions of Au-Sn alloys[J]. Scripta Materialia, 2017, 139: 13-16.

[6] Liu K L, Wang J S, Yang Y H, et al. Effect of cooling rate on carbides in directionally solidified nickel-based single crystal superalloy: X-ray tomography and U-net CNN quantification[J]. Journal of Alloys and Compounds, 2021, 883: 160723.

[7] Chen J, Lee J H, Jo C Y, et al. MC carbide formation in directionally solidified MAR-M247 LC superalloy[J]. Materials Science and Engineering: A, 1998, 247（1/2）: 113-125.

[8]　Dudzinski W, Morniroli J P, Gantois M. Stacking faults in chromium, iron and vanadium mixed carbides of the type M7C3[J]. Journal of Materials Science, 1980, 15: 1387-1401.

[9]　Geng B Y, Li Y K, Zhou R F, et al. Formation mechanism of stacking faults and its effect on hardness in M7C3 carbides[J]. Materials Characterization, 2020, 170: 110691.

[10]　Pham M S, Dovgyy B, Hooper P A. Twinning induced plasticity in austenitic stainless steel 316L made by additive manufacturing[J]. Materials Science and Engineering: A, 2017, 704: 102-111.

[11]　Hinton Z R, Alvarez N J. Surface tensions at elevated pressure depend strongly on bulk phase saturation[J]. Journal of Colloid and Interface Science, 2021, 594: 681-689.

[12]　Wang Z D, Yang K, Chen M Z, et al. High-quality remanufacturing of HSLA-100 steel through the underwater laser directed energy deposition in an underwater hyperbaric environment[J]. Surface and Coatings Technology, 2022, 437: 128370.

[13]　Wang J B, Xing X L, Zhou Y F, et al. Formation mechanism of ultrafine M7C3 carbide in a hypereutectic Fe-25Cr-4C-0.5Ti-0.5Nb-0.2N-2LaAlO₃ hardfacing alloy layer[J]. Journal of Materials Research and Technology, 2020, 9(4): 7711-7720.

[14]　Ning A G, Guo H J, Chen X C, et al. Precipitation behaviors and strengthening of carbides in H13 steel during annealing[J]. Materials Transactions, 2015, 56(4): 581-586.

[15]　Tao X, Gu J, Han L Z. Carbonitride dissolution and austenite grain growth in a high Cr ferritic heat-resistant steel[J]. ISIJ International, 2014, 54(7): 1705-1714.

[16]　Tao X G, Han L Z, Gu J F. Effect of tempering on microstructure evolution and mechanical properties of X12CrMoWVNbN10-1-1 steel[J]. Materials Science and Engineering: A, 2014, 618: 189-204.

[17]　Hetzner D W, Van Geertruyden W. Crystallography and metallography of carbides in high alloy steels[J]. Materials Characterization, 2008, 59(7): 825-841.

[18]　Luo Y W, Guo H J, Sun X L, et al. Influence of tempering time on the microstructure and mechanical properties of AISI M42 high-speed steel[J]. Metallurgical and Materials Transactions A, 2018, 49: 5976-5986.

[19]　Gamsjäger E, Svoboda J, Fischer F D. Austenite-to-ferrite phase transformation in low-alloyed steels[J]. Computational Materials Science, 2005, 32(3-4): 360-369.

[20]　Pantawane M V, Dasari S, Mantri S A, et al. Rapid thermokinetics driven nanoscale vanadium clustering within martensite laths in laser powder bed fused additively manufactured Ti₆Al₄V[J]. Materials Research Letters, 2020, 8(10): 383-389.

[21]　Lei Z L, Li B W, Wu S B, et al. Effects of MnN powder on the microstructure and properties of high nitrogen steel joint via laser-arc hybrid welding[J]. Optics & Laser Technology, 2021, 138: 106877.

[22]　Liu Z, Fan C L, Chen C, et al. Design and evaluation of nitrogen-rich welding wires for high

nitrogen stainless steel[J]. Journal of Materials Processing Technology, 2021, 288: 116885.

[23] Liu Z, Fan C L, Chen C, et al. Optimization of the microstructure and mechanical properties of the high nitrogen stainless steel weld by adding nitrides to the molten pool[J]. Journal of Manufacturing Processes, 2020, 49: 355-364.

[24] Ning J, Na S J, Wang C H, et al. A comparison of laser-metal inert gas hybrid welding and metal inert gas welding of high-nitrogen austenitic stainless steel[J]. Journal of Materials Research and Technology, 2021, 13: 1841-1854.

[25] Haghdadi N, Ledermueller C, Chen H S, et al. Evolution of microstructure and mechanical properties in 2205 duplex stainless steels during additive manufacturing and heat treatment[J]. Materials Science and Engineering: A, 2022, 835: 142695.

[26] Zhang Y Q, Cheng F J, Wu S J. The microstructure and mechanical properties of duplex stainless steel components fabricated *via* flux-cored wire arc-additive manufacturing[J]. Journal of Manufacturing Processes, 2021, 69: 204-214.

[27] Zhang X Y, Wang K H, Zhou Q, et al. Microstructure and mechanical properties of TOP-TIG-wire and arc additive manufactured super duplex stainless steel（ER2594）[J]. Materials Science and Engineering: A, 2019, 762: 138097.

[28] Zhao J G, Hou J, Chen L, et al. Evaluating impact performance of a selective laser melted 304L stainless steel with weak texture[J]. Materials Today Communications, 2020, 25: 101299.

[29] Afkhami S, Dabiri M, Piili H, et al. Effects of manufacturing parameters and mechanical post-processing on stainless steel 316L processed by laser powder bed fusion[J]. Materials Science and Engineering: A, 2021, 802: 140660.

[30] Pacheco J T, Meura V H, Bloemer P R A, et al. Laser directed energy deposition of AISI 316L stainless steel: The effect of build direction on mechanical properties in as-built and heat-treated conditions[J]. Advances in Industrial and Manufacturing Engineering, 2022, 4: 100079.

[31] Smith T R, Sugar J D, San Marchi C, et al. Strengthening mechanisms in directed energy deposited austenitic stainless steel[J]. Acta Materialia, 2019, 164: 728-740.

[32] Yang J, Dong H G, Xia Y Q, et al. Carbide precipitates and mechanical properties of medium Mn steel joint with metal inert gas welding[J]. Journal of Materials Science & Technology, 2021, 75: 48-58.

[33] Cheng J, Shen H F. Research on nitrogen solubility of Fe–Cr–Mn–V–N system alloys in liquid and solid phases[J]. Transactions of the Indian Institute of Metals, 2018, 71（10）: 2433-2442.

[34] He Z Y, Li H B, Ni Z W, et al. Effect of pressure on second dendrite arm spacing and columnar to equiaxed transition of $30Cr_{15}Mo_1N$ ingot[J]. Steel Research International, 2021, 92（11）: 2100197.

[35] Felicelli S D, Poirier D R, Sung P K. A model for prediction of pressure and redistribution of

gas-forming elements in multicomponent casting alloys[J]. Metallurgical and Materials Transactions B, 2000, 31: 1283-1292.

[36] Feng H, Li H B, Li X Z, et al. Nitrogen solubility and gas nitriding kinetics in Fe–Cr–Mo–C alloy melts under pressurized atmosphere[J]. ISIJ International, 2022, 62(6): 1049-1060.

[37] Qiang W, Wang K H. Shielding gas effects on double-sided synchronous autogenous GTA weldability of high nitrogen austenitic stainless steel[J]. Journal of Materials Processing Technology, 2017, 250: 169-181.

[38] Ghosh S, Ma L, Ofori-Opoku N, et al. On the primary spacing and microsegregation of cellular dendrites in laser deposited Ni-Nb alloys[J]. Modelling and Simulation in Materials Science and Engineering, 2017, 25(6): 065002.

[39] Xiao W J, Xu Y X, Xiao H, et al. Investigation of the Nb element segregation for laser additive manufacturing of nickel-based superalloys[J]. International Journal of Heat and Mass Transfer, 2021, 180: 121800.

[40] HajyAkbary F, Sietsma J, Böttger A J, et al. An improved X-ray diffraction analysis method to characterize dislocation density in lath martensitic structures[J]. Materials Science and Engineering: A, 2015, 639: 208-218.

[41] Ungár T, Ott S, Sanders P G, et al. Dislocations, grain size and planar faults in nanostructured copper determined by high resolution X-ray diffraction and a new procedure of peak profile analysis[J]. Acta Materialia, 1998, 46(10): 3693-3699.

[42] Liao J S. Nitride precipitation in weld HAZs of a duplex stainless steel[J]. ISIJ International, 2001, 41(5): 460-467.

[43] Wang Z D, Sun G F, Chen M Z, et al. Investigation of the underwater laser directed energy deposition technique for the on-site repair of HSLA-100 steel with excellent performance[J]. Additive Manufacturing, 2021, 39: 101884.

[44] Nye J F. Some geometrical relations in dislocated crystals[J]. Acta Metallurgica, 1953, 1(2): 153-162.

[45] Southwick P D, Honeycombe R W K. Decomposition of ferrite to austenite in 26%Cr-5%Ni stainless steel[J]. Metal Science, 1980, 14(7): 253-261.

[46] Ameyama K, Weatherly G C, Aust K T. A study of grain boundary nucleated Widmanstätten precipitates in a two-phase stainless steel[J]. Acta Metallurgica et Materialia, 1992, 40(8): 1835-1846.

[47] Iams A D, Keist J S, Palmer T A. Formation of austenite in additively manufactured and post-processed duplex stainless steel alloys[J]. Metallurgical and Materials Transactions A, 2020, 51: 982-999.

[48] Zhao Y, Sun Y H, Li X B, et al. In-situ observation of δ↔γ phase transformations in duplex stainless steel containing different nitrogen contents[J]. ISIJ International, 2017, 57(9):

1637-1644.

[49] Choi J Y, Ji J H, Hwang S W, et al. Effects of nitrogen content on TRIP of Fe–20Cr–5Mn–xN duplex stainless steel[J]. Materials Science and Engineering: A, 2012, 534: 673-680.

[50] Jost E W, Miers J C, Robbins A, et al. Effects of spatial energy distribution-induced porosity on mechanical properties of laser powder bed fusion 316L stainless steel[J]. Additive Manufacturing, 2021, 39: 101875.

[51] Momeni A, Dehghani K, Poletti M C. Law of mixture used to model the flow behavior of a duplex stainless steel at high temperatures[J]. Materials Chemistry and Physics, 2013, 139(2/3): 747-755.

[52] Lu Q, Xu W, van der Zwaag S. Designing new corrosion resistant ferritic heat resistant steel based on optimal solid solution strengthening and minimisation of undesirable microstructural components[J]. Computational Materials Science, 2014, 84: 198-205.

[53] Salvetr P, Školáková A, Melzer D, et al. Characterization of super duplex stainless steel SAF2507 deposited by directed energy deposition[J]. Materials Science and Engineering: A, 2022, 857: 144084.

[54] Tavares S S M, Terra V F, Pardal J M, et al. Influence of the microstructure on the toughness of a duplex stainless steel UNS S31803[J]. Journal of Materials Science, 2005, 40: 145-154.

[55] Pettersson N, Pettersson R F A, Wessman S. Precipitation of chromium nitrides in the super duplex stainless steel 2507[J]. Metallurgical and Materials Transactions A, 2015, 46: 1062-1072.

[56] Tušek J, Suban M. Experimental research of the effect of hydrogen in *Argon* as a shielding gas in arc welding of high-alloy stainless steel[J]. International Journal of Hydrogen Energy, 2000, 25(4): 369-376.

[57] Xue P S, Zhu L D, Xu P H, et al. Microstructure evolution and enhanced mechanical properties of additively manufactured CrCoNi medium-entropy alloy composites[J]. Journal of Alloys and Compounds, 2022, 928: 167169.

[58] Zhang Z Q, Han Y R, Lu X C, et al. Effects of N_2 content in shielding gas on microstructure and toughness of cold metal transfer and pulse hybrid welded joint for duplex stainless steel[J]. Materials Science and Engineering: A, 2023, 872: 144936.

[59] Zhang S B, Wang Z D, Yan Y, et al. Numerical simulation and innovative structure of drainage cover[C]//International Conference on Offshore Mechanics and Arctic Engineering. American Society of Mechanical Engineers. New York: American Society of Mechanical Engineers (ASME), 2018.

[60] Zhang Z Q, Jing H Y, Xu L Y, et al. Effects of nitrogen in shielding gas on microstructure evolution and localized corrosion behavior of duplex stainless steel welding joint[J]. Applied Surface Science, 2017, 404: 110-128.

后　记

　　作为一项前沿的水下原位修复技术,水下激光沉积再制造受到了广泛的关注。这项创新的再制造工艺在水下环境高效高质修复破损结构件方面展现出了巨大的应用前景。水下激光沉积再制造技术有望在推动海洋工程装备、核电装备再制造产业的蓬勃发展以及促进绿色、低碳、循环经济的可持续发展方面发挥举足轻重的作用。基于此技术,作者课题组开展了多项研究,深入剖析了几种典型海工材料在再制造过程中的微观组织演变及其综合性能特征。通过对沉积材料的特性进行细致评估,我们积累了丰富的实验数据,可为后续海洋工程装备的现场原位修复提供宝贵的工艺参考。在此将对本书的主要研究成果进行总结,同时,探讨当前水下激光沉积再制造技术面临的挑战,并对其未来的发展前景进行展望。

　　经过近十年的发展,作者课题组成功研发了水下激光沉积再制造技术,并将其打造为一项崭新的水下现场修复/制造工艺。该技术几乎继承了陆上激光沉积再制造技术的所有优势,在水下环境中可实现短周期生产、无尺寸限制且高度灵活的零部件制造,应用领域广泛,可覆盖石油天然气管道、船舶、海上钻井平台、海洋风力发电、核电站、潜艇乃至航母等各类工程装备。相较于传统的水下激光焊接和湿法电弧焊接技术,水下激光沉积再制造技术能在破损结构件表面制备高性能修复区。此外,水环境对基板的冷却效果可加快散热,降低修复区热量积累,诱导熔池快速冷却,细化沉积材料内部微观组织。当前,水下激光沉积再制造技术可在水环境中制造/修复几何尺寸简单的零部件。在后续研究中,借助缺陷重构和路径规划技术,具有复杂结构的结构件也可通过水下激光沉积再制造技术进行修复。总的来说,水下激光沉积再制造技术是一项很有前景的技术,未来可广泛应用于海洋工业部分。这本书不仅可扩充水下原位修复技术领域的相关理论,还可为水下激光沉积再制造在海工装备的潜在应用提供指导。本书的主要内容和总结如下:

第1章，简要阐述了受损海洋工程装备、核电装备原位修复的必要性，通过对现有原位修复技术体系存在的问题进行深入思考，提出水下激光沉积再制造技术，并对其系统组成进行了介绍。同时，在技术研究、技术管理和技术应用三个层面总结了当前水下激光沉积再制造技术所面临的严峻挑战，并提出相应的应对策略。

第2章，基于一系列仿真模型和相关实验表征，从宏观、介观和微观尺度上，揭示了水下激光沉积再制造过程中水下压力环境对熔池凝固的影响机制。水下激光沉积再制造过程中调大的载气和增大的环境压力可打破未凝固沉积轨迹原有的压力平衡。熔滴通过扁平化，以增大半径的方式，维持新的压力平衡。在水下激光沉积再制造过程中，熔池热力学改变，增大环境压力引发的压应力以及调大的载气在熔滴表面产生的黏滞阻力均可增强马兰戈尼对流。水下激光沉积再制造过程中增强的马兰戈尼对流可加强对熔池的搅拌作用，使熔池内部热分布更为均匀，降低水下激光沉积再制造试样上游及下游区域的枝晶形貌及溶质浓度差异。

第3章，在水下60 mm环境内，利用水下激光沉积再制造技术对Ti-6Al-4V预制梯形槽进行了原位修复，并与陆上同参数修复试样进行对比，建立了工艺-温度历程-微观组织-力学性能之间的关联机制。此外，利用SEM原位疲劳测试手段对水下激光沉积再制造Ti-6Al-4V的疲劳性能进行了测试，分析了短疲劳裂纹萌生/扩展与组织之间的关联机制。水下激光沉积再制造修复试样中细小的针状α′马氏体在循环载荷下造成了应力集中，导致了显微裂纹的快速萌生。相比之下，陆上激光沉积再制造修复试样中相对粗大的α相对显微裂纹的萌生具有更好的抵抗能力。

第4章，针对低合金高强钢海工结构件的原位修复需求，以两种典型的低合金高强钢(HSLA-100、NV E690)为研究对象，采用水下激光沉积再制造技术对破损基板进行了原位修复。HSLA-100的修复结果表明，激光熔池快速冷却和水环境强制冷却促进了水下激光沉积再制造试样中细小板条马氏体的形成。由于沉积层和基体温度较低，水下沉积层中马氏体没有发生明显的转变。相比之下，陆上激光沉积再制造试样中强烈热循环和基体的较高温度促进了板条马氏体的回火过程，最终导致了回火马氏体的形成。水下激光沉积再制造修复试样的力学性能与陆上激光沉积再制造修复试样基本持平。NV E690的修复结果表明，水下激光沉积再制造修复试样的拉伸性能和冲击韧性与陆上激光沉积再制造修复试样相当。当水深为35 m时，压力渗氮效应诱导了纳米碳化物析出，相应水深的修复试样得益于 Orowan 强化效应，力学性能最优。此外，针对 NV E690 修复试样耐蚀性能差的问题，在 NV E690 修复区上表面进一步沉积 316L 不锈钢涂层以提高耐蚀性能。

第 5 章，研究水冷环境和激光能量密度变化对水下激光沉积再制造 18Ni300 马氏体时效钢的影响，建立了工艺-微观组织演变-力学性能间的关联机制。此外，本章还探究了水下沉积环境对修复试样耐冲蚀磨损性能的影响。水下激光沉积再制造修复试样表现出与陆上激光沉积再制造修复试样相当的综合力学性能。在水下环境中，激光能量密度的提高可提升修复试样的强度，但弱化了冲击韧性。水冷环境引发晶粒细化及位错密度提高，提升了水下激光沉积再制造修复试样的显微硬度，这使得水下激光沉积再制造修复试样的耐冲蚀磨损性能略高于同参数陆上激光沉积再制造修复试样。

第 6 章，以两种不同氮含量的高氮钢作为研究对象(低氮 HNS、高氮 HNS)，在 30m 水深环境下进行了水下激光沉积再制造实验。低氮 HNS 破损基板修复实验过程中基于温度场仿真、理论分析和实验表征，建立了水冷环境氛围-本征热处理效应-碳化物析出-力学性能间的关联机制，水下激光沉积再制造修复试样的力学性能与陆上激光沉积再制造修复试样相当。高氮 HNS 破损基板修复原位实验表明，水下压力环境可通过增大熔池氮溶解度避免了陆上激光沉积再制造修复试样中普遍存在的孔隙缺陷、氮流失等问题。升高的环境压力增强了压力渗氮效应，使得水下激光沉积再制造修复试样氮含量大幅提高。陆上激光沉积再制造修复试样中的孔隙缺陷并未降低抗拉强度，但却严重弱化了试样的延伸率和冲击韧性。此外，为实现高氮 HNS 修复试样力学性能的进一步提升，在水下激光沉积再制造过程中通过调整保护气中氮气占比，调节熔池上方氮分压，以优化修复试样的孔隙缺陷、相转变和力学性能。结果表明，保护气中氮气占比为 70%时，修复试样的综合力学性能最优。

作为一项尚处于初创阶段的技术，水下局部干法激光沉积再制造技术的成长之路仍伴随着一系列亟待攻克的技术瓶颈与科学挑战。这些问题与挑战源自多学科交叉领域，涵盖了激光技术、机械工程、材料科学、智能控制、光学等知识体系。随着对该技术的持续深化探索与技术革新，诸多与水下激光沉积再制造密切相关的重大基础性议题逐渐显现，主要聚焦于以下六个核心方向：

(1)排水气在维持局部干区稳定的同时也会对熔池造成冲击，如何精准调控排水气流量以兼顾干区稳定与熔池的平稳状态，是一项极具挑战的任务。此外，在不同水深环境下进行激光沉积再制造实验所需的气体参数与激光加工参数存在差异，亟待构建一套涵盖各种水深条件下的气体及激光加工工艺参数数据库，为实际作业提供精确指导。

(2)使用压缩空气作为排水气时，势必会在修复试样中引入额外的氧元素，促进氧化物形成，降低修复试样的韧性。因此，需对现有的排水罩结构进行改进升级，削弱排水气与熔池间的相互作用。另外，在进行大范围修复实验时，修复区表面经历干湿交替，残留的水膜在加热过程中发生热分解，释放出的氢原子易渗入熔池，导致修复试样内氢含量升高。熔池极快的冷却速率限制了扩散氢的有效逸出，这将加大氢致裂纹产生的可能性。

(3)陆上激光沉积再制造过程中所固有的热力学特性，如由冷-热循环触发的本征热处理效应、显著的局部温度梯度，将同样包含在水下激光沉积再制造工艺中。然而，水下环境引入的独特因素——水淬冷效应，不仅强化了熔池热力学和动力学行为的复杂性，更使其成为区别于陆上激光沉积再制造过程的关键变量。目前，对于海洋金属材料在水下激光沉积再制造过程中所经历的热过程及其伴随的相变现象，其内在复杂性尚需进一步深入详尽研究。

(4)海洋工程、核电装备因其结构复杂，待修复部位往往呈现出多角度分布的特点，涉及范围可从水平面(0°)至垂直面(90°)。在对大角度倾斜或近乎垂直的损伤表面进行再制造实验时，由于熔池受到重力的显著影响，其稳定性将显著下降，给修复过程带来额外的技术难度。

(5)在实际的海洋环境中，海水流动通常呈现出不规则且难以预测的特性，这种动态变化无疑会对水下激光沉积再制造过程中所创造的局部干区的稳定性提出挑战，进而影响海工装备的最终修复质量。

(6)在实际核电服役环境中，高温高压水、超临界水或者氟熔盐等腐蚀介质对水下激光沉积再制造装备的耐蚀性和再制造装备在现场狭小空间的适应性都对再制造装备提出了更高的要求。

本书明确阐述了水下激光沉积再制造技术所具备的卓越性能与优势，如高沉积效率、水淬冷效应、压力渗氮效应、高性能原位修复等。因此，无论是高端海洋工程装备、核电装备原位修复、功能梯度构件制备，还是耐磨耐蚀涂层涂覆，该技术在众多领域均展现出广阔的应用前景。为进一步提升水下激光沉积再制造技术在未来的研究深度、创新活力与应用水平，我们必须审慎思考该技术未来的研究导向、发展战略以及共性科学问题。从作者视角出发，以下几点对于水下激

光沉积再制造技术未来发展与应用尤为重要:

(1)由公开发表的文献表明,当前水下激光沉积再制造技术的实际应用极限已达 35 m 水深处。根据水压随深度线性递增的规律,即每下潜 10 m 水深,环境压力相应增加约 0.1 MPa,可以预见,随着水深的增加,一些关键技术难点,如排水罩的效能保持、激光与沉积材料间交互行为的调控以及熔池在高压环境下对氢、氮元素的吸收与渗透特性,将呈现出更为复杂的态势,迫切需要开展深入细致的评估与研究。

(2)为了深化对水下激光沉积再制造技术修复受损海洋工程设备过程中工艺、结构与性能三者间内在关联的理解,开展针对水下熔池多物理场的计算分析与理论研究显得尤为重要。特别是当熔池处于高压、高流量保护气与排水气的包围之中时,金属粉末、激光束与熔池间的相互作用将直接影响沉积材料的成形效果。因此,我们应高度重视数值模拟与实验研究相结合的方法,以此揭示水下熔池内部传热传质机制、熔融凝固行为等关键现象,从而为优化水下激光沉积再制造工艺提供科学依据。

(3)优化水下激光沉积再制造过程工艺参数和排水参数,以有效管控其在深水环境下对冶金反应产生的扩散氢含量、缺陷形成、微观组织演变、热动力学特性以及相应综合性能的影响。这些深入研究的结果将为定制满足特定修复需求的海洋金属材料综合性能提供有力支撑。尤其值得关注的是,如何有效降低沉积金属材料中的缺陷度及扩散氢含量,是一项极具工程技术价值的挑战。

(4)开展对水下激光沉积再制造过程中熔池形态、温度分布及光谱特征等关键参数的实时在线监测研究,对实现修复区的低缺陷度、优异的微观组织结构与力学性能至关重要。进一步地,通过引入先进的机器学习算法进行自动化缺陷识别与修复结果无损检测,能够确保海洋金属材料修复后性能数据的准确性和可靠性,此举对推动水下激光沉积再制造技术在海洋工程领域的广泛应用具有深远意义。

(5)要确保水下激光沉积再制造技术在海洋工程、核电领域的成功应用,对其修复后海洋工程、核电装备在真实环境下的服役性能进行严谨的研究至关重要。构建一套科学严谨、行业认可的评价方法与标准体系,是该技术在海洋工程、核电领域中得以广泛应用的前提和基础。针对多样化的海洋金属材料体系,需从材料配比设计、工艺参数调控与优化、物理化学冶金原理、微观组织解析、综合性能评估等多个维度进行全面而系统的探讨与研究。